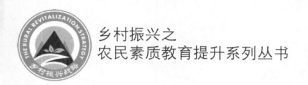

乡村振兴之
农民素质教育提升系列丛书

农药生产经营使用指南

◎ 周新建　黄梅苏　宋艳荣　主编

U0349627

中国农业科学技术出版社

图书在版编目（CIP）数据

农药生产经营使用指南／周新建，黄梅苏，宋艳荣主编．—北京：中国农业科学技术出版社，2020.1

ISBN 978-7-5116-3445-0

Ⅰ.①农…　Ⅱ.①周…②黄…③宋…　Ⅲ.①农药-生产工艺-指南②农药-商业经营-指南③农药施用-指南　Ⅳ.①TQ450.6-62②F767.2-62③S48-62

中国版本图书馆 CIP 数据核字（2019）第 279041 号

责任编辑　徐　毅
责任校对　李向荣

出 版 者　中国农业科学技术出版社
　　　　　北京市中关村南大街 12 号　邮编：100081
电　　话　（010）82106631（编辑室）　（010）82109702（发行部）
　　　　　（010）82109709（读者服务部）
传　　真　（010）82106631
网　　址　http://www.castp.cn
经 销 者　各地新华书店
印 刷 者　北京建宏印刷有限公司
开　　本　850 mm×1 168 mm　1/32
印　　张　5.75
字　　数　150 千字
版　　次　2020 年 1 月第 1 版　2020 年 7 月第 3 次印刷
定　　价　28.00 元

《农药生产经营使用指南》
编审委员会

前　言

农药作为重要的农业生产资料，关系到农业增效、农民增收，关系到农业生产安全、生态安全，更关系到农产品质量安全和产品国际市场竞争力，也关系到人民身体健康和社会稳定，关系到我国乡村振兴和农业绿色、可持续发展。

新修订的《农药管理条例》颁布后，农业农村部接连颁布了多个配套规章，农药的生产、经营、使用、监管，进入了一个新时代！为了宣传普及农药科学实用技术，适应发展绿色农业和生态农业的要求，提高农药使用者、农药经营者和农药监管人员的农药技术水平，河北省农业广播电视学校石家庄市分校、石家庄市农业技术推广中心和石家庄市农民科技教育培训协会组织具有理论和实践经验的植保和农药专家，编写了《农药生产经营使用指南》一书。

本书全面、系统地介绍了有关农药多方面的知识，包括植保基础知识、农药生产经营使用须知、农作物药害、主要农作物病虫草害防治技术、农药经监督管理、农药违法案例解析、农药有关法律法规等。

本书围绕大力培育高素质农民以满足职业农民朋友生产中的需求。重点介绍了农药方面的成熟技术以及高素质农民必备的基础知识。书中语言通俗易懂，技术介绍深入浅出，实用性强，适合广大从业者、基层农技人员学习参考。

　　本书编写过程中参考了多份文献资料，在此向作者表示诚挚的谢意！由于编写过程中，农药新的法律、法规不断出台，再加上编者水平所限，时间仓促，书中难免存在错误和不妥之处，恳请广大读者批评指正。

编　者
2019 年 6 月

目　　录

第一章 植保基础知识

第一节 农药的定义及名称

一、农药的定义

在农业生产和日常生活中，常常会用到或接触到农药，那么什么是农药呢？它是怎样定义的呢？农药的含义和范围，古代和近代有所不同，不同国家也有所差异。古代主要是指天然的植物性、动物性、矿物性物质；近代主要是指人工合成的化工产品和生物制品。美国最早称这些物质为"经济毒剂"；德国称为"植物保护剂"；法国曾称为"植物药剂"和"植物消毒剂"；日本称为"农药"，但其范围很广，把天敌也包括在内。目前中国与国际上的现代农药词意基本上是一致的。

随着人们对环境质量要求的不断提高，"农药"所包含的范围越来越广，2017年通过实施的《农药管理条例》把农药定义为用于预防、控制危害农业、林业的病、虫、草、鼠和其他有害生物以及有目的地调节植物、昆虫生长的化学合成或者来源于生物、其他天然物质的一种物质或者几种物质的混合物及其制剂。上述农药定义包括用于不同目的、场所的下列各类。

（1）预防、控制危害农业、林业的病、虫（包括昆虫、蜱、螨）、草、鼠、软体动物和其他有害生物；

（2）预防、控制仓储以及加工场所的病、虫、鼠和其他有

（害生物；

（3）调节植物、昆虫生长；

（4）农业、林业产品防腐或者保鲜；

（5）预防、控制蚊、蝇、蜚蠊、鼠和其他有害生物；

（6）预防、控制危害河流堤坝、铁路、码头、机场、建筑物和其他场所的有害生物。

由上述可看出，一种物质是否属于农药可由他使用的目的和场所来进行判断。一般来说，如果用于防止动物体上的病虫就属于兽药；用于防治人体的病虫就属于医药；用于家居及周边环境，防治卫生害虫、鼠害的为农药，防治病害的为卫生消毒剂；常见的在农业生产上用于防治病、虫、草、鼠的属于农药。

二、农药的名称

农药的名称是其生物活性即有效成分的称谓。农药的名称应当使用农药的中文通用名称或者简化中文通用名称，植物源农药名称可以用植物名称加提取物表示。直接使用的卫生用农药的名称用功能描述词语加剂型表示。

中文通用名称即农药品种简短的"学名"，是农药产品中起药效作用的有效成分名称，是标准化机构规定的农药生物活性（有效成分）名称，一般是将化学名称中取几个代表化合物生物活性部分的音节来组成，经国际标准化组织（简称ISO）制定并推荐使用。

我国使用中文通用名称和国际通用名称（英文通用名称）。中文通用名称在中国范围内通用，国际通用名称在全球通用。通用名称的命名是由标准化机构组织专家制定的，并以强制性标准发布施行。我国《农药中文通用名称》国家标准（GB 4839—2009）由中华人民共和国国家质量监督检验检疫总局和中国国家标准化管理委员会于2009年4月27日发布，并于2009年11月

1 日实施。标准中规定了 1 274 个农药的通用名称，分杀虫剂、杀螨剂、增效剂、杀鼠剂、杀菌剂、除草剂、除草剂安全剂和植物生长调节剂 8 类。

第二节　农药的分类

农药种类十分繁多，新品种每年都在增加，加上绝大部分农药品种都有多种剂型和规格，而每一种农药的主要防治对象和防治谱均有其特点和范围，给农药识别和使用带来诸多不便。为了便于认识，正确、合理使用各种农药，根据农药的用途及成分、防治对象、作用机理等进行分类。

一、按原料的来源分类

（一）无机农药

无机农药主要由天然矿物原料加工、配制而成的农药，又称为矿物性农药。早期使用的无机农药主要是一些无机化合物品种，现代使用的无机农药，主要有铜制剂与硫制剂。铜制剂有波尔多液、碱式硫酸铜悬浮剂等；硫制剂有硫悬浮剂、石硫合剂等。

（二）有机农药

有机农药主要是由碳、氢元素构成的一类农药，多数可用有机化学合成方法制得，目前所使用的农药大多数属于这一类。通常可以根据其来源及性质分为植物性农药（烟草、除虫菊、印楝等）、矿物油农药（石油乳剂）、微生物农药（苏云金杆菌、农用抗生素等）和人工化学合成的有机农药。

二、按用途分类

按用途分类是农药的主要分类方式，常分为以下几类。

（一）杀虫剂

对昆虫机体有直接毒杀作用以及通过其他途径减轻或消除农林、卫生、贮粮及畜禽体外寄生虫等害虫的药剂。

（二）杀螨剂

用来防治为害植物螨类的药剂，常被列入杀虫剂来分类（不少杀虫剂对螨类有一定防效）。

（三）杀菌剂

用来杀灭或抑制病原微生物生长的化学物质，可以使植物及其产品免受病菌为害或可消除病症、病状的药剂。

（四）杀线虫剂

用于防治农作物线虫病害的药剂。

（五）除草剂

用来防治各类场合杂草的药剂。

（六）杀鼠剂

用于毒杀不同场合中各种有害鼠类的药剂。

（七）植物生长调节剂

对植物生长发育有控制、促进或调节作用的药剂。

（八）杀软体动物剂

用来防治为害农作物生长的软体动物的药剂。

三、按作用方式分类

这种分类方法指对防治对象起作用的方式，分类方法如下。

（一）杀虫剂

1. 胃毒剂

通过害虫的口器和消化系统进入虫体，起到毒杀作用的药剂。胃毒剂适用于防治咀嚼式、虹吸式和舐吸式口器害虫。

2. 触杀剂

与害虫体壁接触渗入虫体，起到毒杀作用的药剂。触杀剂适用于防治各类口器害虫，但对体壁被有较厚蜡层或骨化程度较高的害虫（如介壳虫）效果不佳。

3. 熏蒸剂

在常温常压下能挥发成气体，通过害虫的呼吸系统进入虫体，起到毒杀作用的药剂。

4. 内吸剂

能被植物的根、茎、叶、种子等部位吸收，并传导到植物体的其他部位，当害虫取食植物组织或汁液时起到毒杀作用的药剂。内吸剂对刺吸式口器害虫有更好的防治效果。

5. 驱避剂

施用后依靠其物理、化学作用（如颜色、气味等）使害虫不敢接近或者能驱散害虫以保护人、畜或农林植物不受为害的药剂。

6. 引诱剂

使用后依靠其物理、化学作用（如光、颜色、气味、微波信号等）可将害虫诱集而利于歼灭的药剂。

7. 拒食剂

可影响昆虫的味觉器官，昆虫取食后食欲减退，使其厌食、拒食，最后因饥饿、失水而逐渐死亡的药剂。

8. 生长调节剂

通过干扰、破坏昆虫正常生长发育，使昆虫缓慢致死的药剂。

（二）杀菌剂

1. 保护性杀菌剂

在病原微生物侵入寄主植物前，把药剂喷洒于植物表面，形成一层保护膜，阻碍病原微生物侵染，保护植物不受其害的杀菌剂。

2. 治疗性杀菌剂

病原微生物已侵入植物体内，用一些非内吸杀菌剂直接杀死病菌，或用具有内渗作用的杀菌剂，渗入植物组织内部杀死病菌，或用内吸杀菌剂直接进入植物体内，随着植物体液运输传导而起到治疗作用的杀菌剂。

3. 铲除性杀菌剂

对病原微生物有直接强烈杀伤作用的药剂。这类药剂常为植物生长不能忍受，故一般只用于播前土壤处理、植物休眠期使用或种苗处理。

（三）除草剂

1. 按除草剂的选择性能分类

（1）选择性除草剂。在不同的植物间有选择性，在一定的浓度和剂量范围内能够毒害或杀死某些植物，而对另外一些植物安全的药剂，大多数除草剂为选择性除草剂。

（2）灭生性除草剂。对植物缺乏选择性，或选择性很小，在常用剂量下能杀死绝大多数绿色植物的药剂。

2. 按除草剂的输导性能分类

（1）输导型除草剂。指能通过杂草的根、茎、叶吸收，并在其体内输导、扩散到全株，破坏其正常生理功能，使杂草死亡的药剂，又称为内吸性除草剂。

（2）触杀型除草剂。不能在植物体内输导，主要在与药剂接触植物部位发生作用的药剂。

3. 按使用方法分类

（1）茎叶处理剂。将除草剂溶液对水，以细小的雾滴均匀地喷洒在植株上，这种喷洒法使用的除草剂称为茎叶处理剂。

（2）土壤处理剂。能均匀地喷洒到土壤上形在一定厚度的药层，杂草种子的幼芽、幼苗及其根系接触吸收而起到杀草作用的除草剂。

第二章 农药经营须知

第一节 开展农药经营前期准备

农药是一种特殊的商品，因此，经营农药需要有专门的经营场地、仓储设施，还有一定的配套经营设备，另外，还需要有熟悉农业生产技术和懂得病虫害防治知识的专门经营人员，并要建立完善的农药经营管理制度，在经营过程中还要遵守国家的相关法律。每一位欲从事农药经营的人员，在开展农药经营活动前应做好以下准备。

一、选好经营地址

不同类型的农药经销商服务的对象不同，因此，应根据自己经营的农药类型、所要服务的具体人群来选择合适的经营地点，一般来说分以下几种情况。

（一）基层乡镇农药零售店

目前，这类农药经营者占农药经营者总数的90%以上，是农村农药经营的主力军。如欲在乡镇经营农药，在选择农药经营地点时一般应考虑以下几方面。

1. 交通便利、方便购买

选择的农药经营地点应在农作物种植区内，并且最好选择在农村的集贸市场所在地。这些地点，因和当地农民日常生活息息相关，农民日常生活采购必去之地，人流密集，也利于农药销售。另外，选址要交通便利，这有利于农药购买者前来采购，也方便将所购的农用物资利用交通工具运走。

2. 综合分析周边农药经营者情况

一个乡镇区域因为历史的原因，很可能已存在多个农药经营户，欲在此地经营农药者应该首先了解当地的农业生产种植结构，农药的需求量，原有的农药经营户的经营状况（包括销量、利润、销售辐射面等），根据调查情况综合作出分析，最后作出是否能够在此开展农药经营的判断。前期开展此类调查，主要是为了避免贸然开店可能带来的销量上不去、利润不符合预期、出现恶性竞争等不利状况，使得经营不能持续，最终关门，带来投资损失。

3. 应保障农药经营场所周边的安全

农药是一种特殊商品，大多数农药属于易燃、易爆品，个别的可能属于危险化学品，因此，农药的经营场所、仓储场所的设立应该符合《农药管理条例》的有关规定：所经营的农药要与其他商品、生活区域、饮用水源有效隔离；仓储、营业场所应配备通风、消防、预防中毒等设施；应当有安全管理制度、废弃物回收处置制度、农药使用指导制度等以及有废弃物回收设施，防止农药废弃物二次污染环境。

（二）农药批发商、植保服务组织或对内、对外贸易商

还有一类农药经营者农药的经营数量大，例如，县级、市级的农药代理批发商，他们主要从事农药的批发业务，不零售。因此，这类农药批发商应选择在县城或当地农药批发集散地建店，最好经营地址位于你能辐射的经营范围的中心，这样便于送货，节省运输成本。

植保服务组织是近几年发展起来的一种新的农药经营模式。他们拥有大型植保机械（例如，植保无人机、自走式喷药机等），资助从农药生产厂家购药，并同时开展喷药服务。这类植

保服务组织，有一定的植保技术人员，农药购进量大，需要较大的存储场地。因此，在选择经营地点时，要考虑有较大的植保机械存放场地和农药存储地，还要方便服务对象，一般选择在靠近农作物种植区的乡镇或县城骤变。

农药贸易商是一批较特殊的农药经营者，他们主要开展针对国内或国外的原药或制剂农药的批量贸易，一般不零售。因此，这类农药贸易商可选择城市写字楼、商住楼、普通住宅等作为办公场所，只要市场监管部门认可即可，但应符合农药经营的安全要求。

（三）卫生类农药经营者

单独经营卫生类农药的农药经营者。按经营性质分为3类。

第一类是专门经营卫生类农药的农药零售店：其经营包括杀鼠剂、蟑螂、蚂蚁、蚊虫等类药品，不包括农作物用农药。这些经营户地址大多位于县城或地市级以上城市，因为其服务对象主要是普通居民的家庭，因此，在选择经营地点时，最好在居民居住比较集中的地方单独设立经营门店，或进驻当地日用品超市设立卫生类农药销售专柜。

第二类是兼营卫生类农药的其他商品经营者：这类经营者主要分布于乡镇日用百货杂品店，他们主营其他类日用品，卫生类农药只是兼营，且只是零售，不经营其他类农药。这类经营者可在经营场所内设立卫生农药销售专柜即可。

第三类是卫生类农药批发商：这些经营者大多集中于地级市以上城市（个别也有在县城或县级市经营），这类经营者主要面对的是各地卫生类农药零售商的采购，因此，大多选择区域内小商品批发市场或卫生类农药专业批发集中交易地。

二、购置配备农药经营有关的设备设施

根据《农药经营许可管理办法》的规定，农药经营者在确

定经营和仓储场所（租赁或自有均可）后，应购买准备好农药经营必需的设备、设施，主要包括如下。

在营业场所和仓储场所应当配备通风、消防、预防中毒等设施（包括通风橱、排气扇、灭火器、沙池、劳动服手套、口罩等），有与所经营农药品种、类别相适应的货架、柜台等展示、陈列的设施设备，还要具备计算机管理系统、扫码枪、进销存软件等。上述设备均可通过市场自由选择购买，农药经营许可审批部门不作硬性规定。

经营限制使用农药的，还应当具备明显标识的销售专柜。

农药批发类公司、对外贸易公司、农药植保服务组织等非农药零售类公司或组织，如不需要货架或柜台，可以不购买，但要配备样品展示柜。

三、建立相应的管理制度

农药是一种特殊的商品，大多农药属于易燃、有毒化工产品，因此，农药经营要制订相关的管理制度，以确保农药经营者守法经营，服务好农药使用者，确保经营安全，做好售后服务以及出现农药事故后能够做到倒置追溯以及确保农药使用对作物安全、生态环境安全和对人安全。

农药经营者应建立的制度主要有 10 种：经营农药产品进货查验制度、农药经营台账记录制度、农药安全管理制度、农药安全防护制度、农药仓储管理制度、农药岗位操作规程、农药使用指导制度、农药事故应急处置制度、农药废弃物回收与处置制度、限制使用农药管理制度。以上这些制度最好张贴在农药经营、仓储场所内，这样既方便农药购买者、使用者监督，也方便农药经营者时刻提醒自己。

各项制度具体内容可根据经营的需求，由农药经营者自己制定。

四、具备合格的经营人员

合格的农药经营人员是农药经营成功的最关键因素，一个经营企业具备一定数量的懂技术的农药经营人员是开展农药经营工作必须满足的条件。农药经营人员在实际工作中要开展病虫害防治技术指导，因此，必须具备一定的农学、植保知识。

《农药管理条例》要求农药经营者应具有农学、植保、农药等相关专业中专以上学历，但鉴于目前我国农药经营的实际状况，农药经营者大多位于乡镇，虽有多年的实际经营经验，也懂一定的农业技术，但文化水平大都较低，因此，农药条例在对农药经营人员的要求中，也规定他们可以在专业教育培训机构尽心专业培训，但要实际培训 56 学时以上。这些人员有了这样的学习经历，且熟悉农药管理规定，掌握农药和病虫害防治专业知识，能够指导安全合理使用农药，也可以视为合格的农药经营人员。

另外，经营限制使用农药的农药经营人员还应熟悉限制使用农药相关专业知识和病虫害防治知识，并有 2 年以上从事农学、植保、农药相关工作的经历。

农药经营人员在销售农药时应做到：向购买人询问病虫害发生情况，必要时，应当实地查看病虫害发生情况，科学推荐农药，正确说明农药的使用范围、使用方法和剂量、使用技术要求和注意事项，不得误导购买人。

农药管理条例还要求限制使用农药的经营者应当为农药使用者提供用药指导，并逐步提供统一用药服务。

五、申请营业执照和农药经营许可证

在经营仓储场地、设备、人员具备后，开始申请营业执照和农药经营许可证，两者不互为前置。一般情况下应先办理营业执

照，然后申请办理农药经营许可证。办理农药经营许可证应按照农业农村部发布的《农药经营许可管理办法》和各地发布的《农药经营许可审查细则》的有关要求，准备申请材料。申请材料的格式和要求可向当地农药经营许可审批部门询问、索取。申请材料准备完毕后，向当地农药经营许可审批部门（一般为农业主管部门或行政许可审批局）报送材料，需要实地核查的还要组织核查人员，对经营、仓储场所、设备、人员进行实地核查，核查完毕后，按程序办理、发放农药经营许可证。

第二节　如何开展农药进货

农药的采购、进货直接影响农药后期的使用效果及经营者销售和收益，购进适销对路、效果好的农药品种不但可以增加经营效益，还能提高经营者的信誉度和扩大影响面，信誉度的提高反过来可以影响下一年的销售，提高销量，增加收益。因此，农药进货关把好，是搞好农药经营的第一步，也是非常重要的一环！

一、了解当地农业生产种植结构及农药实际需求情况

每个地区农业种植结构都不同，需求的农药种类也不同。一个农药经营者在购进农药时要首先了解当地的种植结构，有的地区以大田作物为主（例如，小麦、玉米、水稻）、有的地区以果树种植为主、有的地区以蔬菜为主、有的地区以一经济作物为主。不同的作物，需求农药不同，有的以杀菌剂为主（例如温室大棚蔬菜），有的杀虫杀菌剂同时需求量较大（如果树），有的以杀虫剂、杀菌剂和除草剂为主等。例如，玉米、小麦、水稻对各种农药的需求比例不同地区可能不同，但这需要农药经营者自己调查本地的农药需求状况，以防进货积压。另外，农药经营者还要熟悉了解当地常用农药的种类以及农作物对哪些农药品种产

生抗性，以避免购进产生抗性后效果差的农药，这些害虫、杂草产生抗性的农药，使用后容易引起不必要的纠纷。

二、选择适销对路的农药品种

随着农药科技的发展，农药的剂型、种类不断增加。面对种类繁多的农药，如何正确选购，是农药经营者最为关心的问题。选购适用、质优的农药是保证农作物、农业生产及生态环境安全和农药使用效果的前提。具体做法如下。

（一）登录中国农药信息网（www.chinapesticide.org.cn）查询所需品种

进入网站后，点击【数据中心】栏目中的【登记信息】，输入作物的名称或防治作物病虫草害的名称，点击"查询"按钮，即可查到用于防治该作物病虫草害的农药名称。

（二）从正规出版社出版的农药常用品种类书籍中查寻所需农药品种

农药经营者要选择新出版的农药类书籍查询所需品种，因为国家在不断地根据农药的安全性、生产需求等因素禁用或停产一些农药品种，因此，最新出版的农药类书籍所查到品种，往往是目前常用或市场最近几年刚推出的新药，一般效果较好，市场上也容易买到，但农药经营者最好到中国农药信息网上在进一步核实品种的适用范围、使用对象，确保正确无误后，方可购进。

三、确定合法的农药供货商

我国目前有 2 000 多家农药生产企业，要想确认你选择的农药产品是否有合法的生产企业，你可以登录中国农药信息网（www.chinapesticide.org.cn）查询所需品种。进入网站后，点击【数据中心】栏目中的【登记信息】，在打开的页面，［有效成分］搜索框里，输入所要找的农药产品的有效成分中文名称，然后点击"查询"按钮，页面将弹出能够生产该农药品种的企业。有时可能有多家国内外企业能够生产该产品，经营者可以根据自己的实际情况和要求来确定合适的生产厂家。但在确定企业前，一定要查询该产品的农药标签，看是否能用在自己要使用的作物，确保所选择企业的产品既符合经营需要，又符合相关法律法规的要求。

一般情况下，农药经营者应选择大企业、大品牌的农药品种，这些企业的产品质量和信誉有保障。切记不能随便在网上搜索所需农药品种，根据所留电话联系卖家，容易上当受骗！

中国农药信息网（www. chinapesticide. org. cn）是农业农村部举办的官方网站，农药登记信息更新及时、权威、可信，另外，还可以查看相关农药政策、法律法规，了解农药市场监管信息等。

四、签订购货合同

在确定了打算采购的农药品种和厂家后，就要和供货商签订农药采购合同。合同是保证双方履行采购权利和义务的法律保障，也是产生纠纷时双方的法律依据。一般情况下农药经营者应当在合同中明确所购农药品种规格、数量、单价、产品商标（许多企业同一产品，有多个商标）、品质量标准、送（取）货方式及运费由哪方负担以及双方的违约责任（尤其是因农药质量问题给药经营者和使用者造成的损失，因明确双方各自应承担的责任）。

五、开展进货查验

农药经营者采购农药产品时，应按照农药管理条例要求履行进货查验义务，这样可以将假劣农药在农药进货第一关，将其拒之门外。农药的进货查验可以在签订合同前也可以在进货后进行。一般在进货前可以要求农药供货商提供样品查看，这样农药经营者就可以上中国农药信息网进行查看、比对，确认对方提供产品是否合法；也可以在进货前双方合同约定产品的合法性（包括具备农药各种资质、证件、标签符合规定等），货到后再进行查验，不符合要求的要向供货商，提出异议，按合同规定解决或退货。一般情况农药经营者在履行进货查验义务时，应注意以下事项。

（一）查看索要有关证件

要求供货方营业执照，并索要保存复印件；拟购进农药产品的"农药登记证""农药生产许可证（向中国出口的农药除外）""产品质量标准"的复印件；供货方为农药批发商时还应要求其提供相应资质的农药经营许可证复印件。以上所有复印件应与原件一致，并要求供货方加盖公司公章。拒绝加盖公司公章的农药供应商，农药经营者应拒绝采购其产品，这样的供货商有可能提供假劣农药。其拒绝加盖公司公章的原因：一是可能因为其提供的产品不合法，害怕以后承担相应责任；二是可能自身没有相应的资质，甚至是无证经营者（例如，无农药经营许可证、无营业执照等），本身本来就不能提供相应的资质证件。

（二）查验实物农药产品是否合格

主要对农药实物产品查验以下几方面：查验所购进农药产品包装是否合格、产品标签是否和农业部备案的标签一致（可上中国农药信息网查询）、标签上是否有二维码、是否有产品质量检验合格证、外包装是否正规等。不得购进假劣、无标签、无"三证"、国家禁用农药等不符合国家有关规定的农药产品。

（三）有怀疑及时反映、举报

对上门主动推销农药的，要提高警惕！如推销价格明显比同类产品价格低，外观包装明显违规，且不能提供各类农药相关证明文件的，要拒绝购进！另外，对其他购渠道进的产品，怀疑其产品质量、标签等有问题而又难以确定时，可向当地农药监管部门及时反映情况。

（四）做好进货查验记录

进货查验记录的记载，是农药经营者，法定履行的义务。进货查验记录完整，如一旦出现农药事故纠纷，农药经营者既可以自证清白，也能追根溯源，使违法农药提供者得到应有的惩罚。因此，农药经营者要对购进的农药产品的各项查验结果，认真记录，具体进货查验人员要签名，做好详细记载，即使同一种农药，连续购进多批次，每批次都要记载好购进数量。实际经营当中经常发生，同一厂家、同一品种，但不同批次的农药出现中，个别批次出现质量问题，如果记录不实、不详，对以后的事故纠纷处理，留下隐患。另外，经营者的进货查验记录，也是农药监管部门日常检查的一项重要内容。

六、农药入库

农药购进后要及时入库，农药的储存要严格按照农药仓储管理制度的有关规定执行。库房要防漏、防盗，库房的选择地点要保证周围生活环境安全，要实行专人管理，切记不能与食品、食用农产品、饲料、日用品以及其他易燃易爆物品混堆、混放，还要做好入库记载。

七、留存好农药进货凭证，建好进货台账

农药购货凭证，例如，销售发票、物流发货单、合同等要保存好，一旦发生纠纷，可作为证据提供。

建立农药进货台账是农药管理条例的要求，农药台账经营者可以保留纸质台账，但必须同时建立电子进货台账（这是农药管理条例的要求）。不建立进货台账，农药经营者将被农业主管部门作出如下处罚：首先责令整改，拒不改正或情节严重的，将被处以 2 000 元以上 2 万元以下罚款，并由发证机关吊销其农药经营许可证。因此，建立农药经营台账是农药经营者必须履行的法定义务。农药进货台账应包括以下内容。

（一）农药的名称

农药名称通常是标签上标注的中文通用名称，同时，应记载有效成分含量、种类和剂型，如2%阿维菌素乳油。

（二）有关许可证明文件编号

有关许可证明文件编号主要包括"农药登记证号""农药生产许可证号（向中国出口的农药除外）""产品质量标准号"，供货商为农药批发商的还应包括其"农药经营许可证号"。

（三）产品规格、数量

所购农药产品最小销售包装是多少。如××克/袋，××毫升/瓶；进货数量，多少箱，每箱多少袋（瓶）等。

此外，进货台账还应当记载生产企业和供货人名称及其联系方式、进货日期、质量保证期、张贴保存每批次产品质量合格证、查验人姓名以及备注等内容。

农药经营者建立的进货台账，记录内容应尽量完整、翔实，不得随意更改，不得做虚假记录，同时，要做好整理归档，妥善保存，保证随时方便查阅。进货台账应当保存 2 年以上。此外，经销商与供货商签订进货合同、供货商出具的购货发票、付款凭证、运输凭证、供货商提供的产品合法性证件复印件（或电子照片），如农药登记证、质量合格证等，应作为进货台账的附件一起保存，以备执法部门查验。

第三节　经营场所农药摆放要求

不同农药经营者因面向的农药销售对象不同，农药的摆放要求也不同，一般分以下两种情况。

一、农药批发商农药样品展示柜农药摆放

农药批发商、农药原药贸易商或大型植保服务组织，这类农药经营者服务对象因为不是直接面对零星购买农药的农户，其农药的摆放展示对象，主要是农药零售商药、原药贸易对象、家庭农场主或大面积病虫防治需要者，因此，其农药样品展示柜中农药要摆放实体样品，不能摆放空瓶子。展示柜里面农药品种也要分类摆放；限制类农药还要有专柜，并加锁。

二、农药零售店货架农药的摆放

基层农药品零售店主要大量面对的是个体农户，因此，其农药摆放，应该有货架，并按照方便、实用的分类原则，分类摆放。同时，要兼顾安全。

（一）货架农药如何分类

一般可按照"杀虫剂""杀菌剂""调节剂""杀鼠剂""除草剂"等分类；也可按照习惯用途分类，如"杀蚜虫""防倒""保花保果""解药害"等。

（二）货架农药的总体摆放原则

（1）液体农药放置在货架下部，固体和粉尘农药放置在货架上部，以免液体农药溢出污染下面的产品。

（2）瓶装农药不要多层码放，防止倒塌和掉落摔碎。

（3）除草剂应码放在杀虫剂或杀菌剂的下面，以免除草剂放在杀虫剂或杀菌剂上面因溢出的除草剂污染导致药害发生。

（4）限制类农药，应设立专柜，单独隔离存放在不容易接触到的地方，并设置醒目标识、上锁。

第四节 如何开展农药销售

农药是一特殊的商品，其销售注定和普通的商品销售有区别。农药销售要求农药经营者不但要了解农药本身的性质、特点，还要求农药经营者必须熟悉当地农作物的栽培管理技术，当地病虫害的发生规律和农民的用药习惯。另外，农药经营者还要摸清当地农民的消费习惯，才能因势利导，做好农药销售。

一、应遵守相关农药管理规定，不得误导购药

农药经营者必须遵守农药有关的法律法规和各项管理规定，否则，一旦出现农药事故和纠纷，将承担相应的赔偿责任，使自己产生经济损失。

《农药管理条例》第二十七条中规定：农药经营者应当科学推荐农药，正确说明农药的使用范围、使用方法和计量、使用技术要求和注意事项，不得误导购买者。其实质含义就是要求农药经营者应按照农药标签的规定去介绍农药的使用方法，不得随意夸大效果、扩大使用范围和加大使用剂量和使用次数。如因经营者夸大宣传，误导使用者购药使用，造成农药事故并导致损失的，农药经营者应承担相应的责任。另外，市场监管部门也会根据相应的法律对虚假宣传者给予处罚。

但需要经营者注意的是，随着各种特色蔬菜、中药材以及各种特色经济作物的种植面积不断扩大，鉴于多种原因，目前这些小宗作物登记的农药很少，因此，在这些作物上如何推荐销售农药也成了农药经营者不可回避的问题。如果严格按照农药管理条例的规定，好多小宗作物将无药可用。那么如何解决这类问题呢？根据《农业技术推广法》第二十二条规定："推广农业技术，应当选择有条件的农户，进行应用示范"，另外，第二十一

条还规定"向农业劳动者和农业生产经营组织推广的农业技术，必须在推广地区经过试验证明具有先进性、适用性和安全性"。这些规定，就是告诉农药经营者在推广"农药新使用技术"时，要"先试验示范"，在确定"该技术安全、适用、先进"时方可推广。因此，农药经营者在小宗作物上推荐用药时，一定要先做试验，再小面积示范，然后方可推广。但即使这样如果此农药没有在该作物上登记，一旦因天气等特殊原因，出现药害，经营者还要承担赔偿责任，因此，农药经营者在小宗作物上推荐用药时，一定要慎之又慎！

二、农药经营人员应具备的销售技巧

（一）质量第一，效果为王

无论面对什么样的农药消费对象，所有的农药购买者的第一愿望就是买到真品，达到良好的防效。因此，农药经营者一定要购进高质量、大品牌、优质、高效的农药，只有这样才能在使用人群中树立良好的口碑，才能吸引更多的消费者购买你的农药。

（二）因地制宜，满足不同消费人群的需求

不同地区作物种植种类不同，农药的使用种类和使用量也不同。由于农民的富裕程度不同，消费理念也就会不一样，因此，农药的使用情况也会千差万别。由于经济承受能力不同，他们对农药价格敏感度也不一样。另外，农民对农药价格敏感度又和农民自己种植的作物的产值高低有极大的关系。作物产值高，农民就愿意多投入、用好药，就不太在乎农药的价格高低；但作物产值低，则大多会减少投入，一般会选择价格较低的农药。因此，销售农药一定要因地、因人制宜，不同产品价格高低搭配，满足不同的消费对象。但有一条，绝对不能为了效果，超范围推荐销售限用和禁用农药！

（三）做到人无我有，人有我新

任何一个地方农药经营都不是只有一家，因此，要想在当地的农药经营这种脱颖而出，就要做到别人没有的农药品种（可能因为某种农药用量少，大多数经营者不愿进货），你要购进（一开始可以少量购进，以免卖不掉。遭受不必要的损失），这样你在当地的消费者中就可以树立起"你这里的品种全，别处买不到的农药，你这里可以买到"的形象，便于积累人气！另外，别人有的品种，你要选择购进同一种农药的更新换代产品，这样可以凸显你的产品效果比别人的效果好，树立起良好的信誉！

（四）搞好技术服务，树立良好形象

农药销售从来都不是单一的你买我卖。加之，农村农药购买者或使用者，大多数是老人和妇女，其文化水平不高，购买什么农药主要靠农药经营者介绍推荐。因此，经营者必须提高自己的农业技术水平，让购买者放心购药，必要时要亲自到田间地头察看作物病情，当好"植物医生""按方抓药"，只有这样才能"药到病除"以及技术服务促进农药销售。

最近两年，随着土地流转的加快，土地集中经营规模越来越大，新型植保服务组织蓬勃发展。这就需要农药经营者要与时俱进，不但卖药还要提供药械，甚至喷药服务。在土地里流转面积大的地区，有的农药经营者已开始农业生产"保姆式服务"——即从仅提供种子、农药、化肥，到开展从种到收的全程技术管理服务。农业种植全程技术解决方案，将会越来越受农业种植者的欢迎，包括农药使用前的病虫情预报、农药合理轮换使用都将是农业种植全程综合解决方案中的一环！以后，小的、不懂技术的、不紧跟农业发展形式的农药经营商将被逐渐淘汰。

（五）收集农药使用反馈信息，调整经营思路

农药的使用是一个群体性行为，任何一种好药，都会由于长期使用出现效果递减现象。这是因为病虫草抗性的产生（例如，

耐药性病原菌、抗性杂草、害虫抗性群体的出现等）所致。一旦农药使用者开始反映某种农药效果越来越不好，就要考虑病虫草是不是对这种药产生了抗性？这时要果断换用新杀虫、杀草机理的农药，提高防效。例如，由于北方麦田长期使用"笨磺隆"除草剂，目前用来防治播娘蒿、荠菜已基本不管用，究其原因主要是播娘蒿、荠菜对"笨磺隆"已产生耐药性，防效极差。因此，要及时更换新出类型除草剂，例如，更换使用"二甲双氟"小麦除草剂后，防效明显提高。

另外，如在销售过程中，用户反映产品易出现药害，一定要高度重视！分析产生药害的原因，如果是要本身的问题，要果断停止销售，更换安全类农药；如果是天气原因或使用技术不到位，一定要总结经验做好技术指导，以防同类事故再发生。

三、建立完整的销售台账

建立销售台账是农药经营者应尽的义务，否则，将面临行政处罚。另外，实行导致追溯也要求必须建立完整的销售台账。随着农药管理条例的逐渐深入贯彻落实，电子销售台账的建立，也是必定要落实的。

（一）销售台账主要包括的内容

农药经营销售台账是指在农药经营过程详细记载每笔销售的明细，主要包括购买日期、购买农药名称、共卖农药数量、用途、备注等内容。对定点经营的限制使用农药，还要同时记录购药人姓名（单位），购药人（单位）详细地址及联系方式等。农药销售者要详细了解销售农药的去向，实现销售可溯源管理。

经营者在销售农药时，应当为购买者提供销售凭证。销售凭证应当包含所购农药种类、数量、经营者的电话、经营者的公章，并保留存根备查。销售凭证可以印有经营者的联系电话，以方便消费者反馈信息。经营者对收集的各类反馈信息，及时分析用于指导今后经营，这样可建立良好的商业信誉。

（二）电子台账对软件的要求

目前，市面上流通的农药经营电子台账种类繁多，经营者在电子台账软件系统的选择上，可根据自身经营的特点，选择适合自己要求的电子台账软件系统。但所选配的电子台账软件系统，在功能上应符合《农药管理条例》对农资电子台账记录的要求，一般应当满足以下几个方面需求。

一是记录内容完整。在进货台账方面，能如实记录农药的名称、有关许可证明文件编号、规格、数量、生产企业和供货人名称及其联系方式、进货日期等内容。在销售台账上，能记录销售农药的名称、规格、数量、生产企业、购买人、销售日期等内容。经营限制性农药的，还应能记录购买者的身份证信息，实现实名制购买的要求。

二是具有基本的查验功能。例如，当在电子台账系统录入农药登记证等信息时，如与农业农村部备案信息不符，或遇到农药登记证过期等情况时，能自动提出警示信息，或者不能录入，或者录入符合规定的内容是显示颜色不一致，以便帮助农药经营者进行进货严格把关。

三是要具备数据上传功能。《农药经营许可管理办法》第二十二条规定：农药经营者应当在每季度结束之日起 15 日内，将上季度农药经营数据上船只农业部规定的农药管理信息平台或者通过其他形式报发证机关备案。因此，农药经营者购买的软件，应当具备上传至农业部农药管理信息平台的功能或将上述数据导出报报发证机关备案。

四、农药废弃物的回收处置

农药废弃物包括农药外包装（一般为纸箱或钙塑箱、桶等）和内包装（一般指直接接触农药的最小包装，通常为：瓶、袋等）。因为这些农药废弃物，仍含有一部分农药残留，不妥善保管、处理会造成环境二次污染。因此，农药经营者有义务对其进行回收和临时储存，并应当建立农药废弃物的回收档案，记录废弃物的类型、数量、回收日期、去向等信息；农药废弃物的储存地，应当满足危险物储存标准及其规范的要求，应当具备防扬散、防渗漏、防流失的措施。

农药废物的处置应交由有资质的专业机构处理，处理费用，由农药经营者和生产者承担，费用也可双方协商解决；当地政府另有规定的按当地规定执行。

第五节　农药事故纠纷处理

在发生农药对农作物病虫草害的防治效果差、出现药害、造成农产品农药残留超标或人畜中毒、环境污染等事故或纠纷后，农药经销商应该调查原因，并积极处理好有关事宜。

一、农药纠纷的种类

（一）防治效果不好

产生这类问题的主要原因有多种，例如，产品质量不合格可导致防效不好；未按标签规定使用也可使得防效变差；施药时环境气候也可能影响药效；防治对象本身的抗性问题，等等。

（二）农作物药害

农作物要害产生的原因有多种，大致可分为3类。

第一类是农药产品质量本身存在问题导致药害。例如，杀虫剂中含有除草剂成分，导致作物受害。

第二类是环境影响导致出现药害。农药本身质量没问题，使用技术也没问题，但由于天气突然变化，导致作物出现药害。例如，甲基二磺隆冬麦田防治节节麦杂草，如施药后，气温突然法幅度下降，或下雨使田块积水，都有可能使小麦产生死苗。

第三类是使用技术不规范导致产生药害。这类药害，可能是农药经营技术指导失误，也可能是使用者自己未按标签规定使用，或用药量过大等原因导致药害。

（三）人畜中毒事故

这类事故的发生，一是施药人员喷药过程中不注意保护，导致中毒；二是喷施高毒农药后，未树立警示牌，牲畜误食中毒；三是人员误食中毒或人为服毒；四是假农药（尤其是普通农药中非法添加高剧毒农药）使用者不知情的情况下，按标注用量及使用方法使用导致中毒。

（四）环境污染事故

主要原因有以下几方面。

（1）农药废弃物包装处置不当。农药生产、经营和使用者，不能全部履行废弃物回收义务，部分农民间用过的农药包装随意丢弃在田间、地头、井边、河沟、林地等，产生环境污染。

（2）使用者使用不当。农药使用者严重超量用药、在河沟、溪边清洗喷雾器、甚至间没用完的药液直接倒入河流，均造成对环境的污染。

（3）假劣农药直接污染环境。假劣农药生产者为了追求防治效果，往往在低毒农药里面随意添加高、剧毒农药，甚至国家禁用农药；有的造假者随意更改农药标签，扩大适用作物。这些未经试验的农药，使用后会直接影响环境生态安全。例如在普通农药中非法添加氟虫腈，导致蜜蜂大量死亡。

（4）气候原因导致污染事故发生。主要是在农药刚使用后，出现暴雨等天气现象，使落在地表的农药，随径流，进入河流池塘，污染水域，甚至导致鱼、虾、牲畜中毒死亡。

处理原则：发生环境污染事故时，农药经销商应在当地环境保护、农业部门的指导下，帮助使用者及时采取措施保护生态环境。

二、农药纠纷的处理原则

（一）开展前期处置，采取补救措施，降低损失

常用补救措施如下。

（1）立即喷水冲洗受害植株。这样可稀释和洗掉黏附在叶面上的农药，减少植株对农药的吸收，降低植株体内的农药含量。

（2）喷药缓解药害。一般应尽快喷施赤霉酸、芸苔素内酯等促进生长的药剂，是受害作物尽快恢复生长。

（3）采取农业措施促进植物生长。作物发生药害后生长受阻，长势弱，及时追肥，浇水可以促使其尽快恢复长势。在果园地及时进行中耕松土，可以改善土壤的通透性，促使根系发育，增强作物的恢复能力。

（4）停止销售、并召回问题农药。农药经营者及时停用、召回问题农药，可尽量减少生产损失，召回的农药应妥善保管好。

（二）搜集并保留证据

（1）搜集尽量多的证据。产生农药纠纷后，农药经营者应主动协助农药使用者搜集相关证据。例如，受害现场照片、视频、证人、证词等，因为农作物药害是阶段性表现，作物在不断生长，过一定时间后很可能药害症状就会减轻，甚至消失，因此，一定要及时搜集证据。另外，农药的购销凭证、库存农药、购货合同、物流证明都要保存好。

（2）注意证据的有效性问题。通常法院会采信双方当事人都在场照片和视频证据，另外，一般会采信农业主管部门或公证部门提供的文字和图片、视频证据，因此，在出事后，应第一时间向农业主管部门反映情况，保护好现场，以便取得第一手资料，为以后的鉴定和纠纷处理打下基础。

（3）开展农药质量检测。必要时，要申请农业执法部门抽取同批次剩余农药进行质量检测，并保留好检测报告。

（4）必要时申请药害鉴定。根据农药管理条例规定，农作物的药害，由农业部门负责。出现大的农药事故后，往往损失巨大，农药经营者或生产者面对赔偿都有巨大的压力，因此，如协商不成，应及时申请农业部门组织专家组开展药害鉴定。对鉴定结果无论是经营者还是消费者，或者农药生产企业，均可作为维护自己权益的重要证据。

（三）分清责任依法维权

（1）协商解决。产生农药经营纠纷后，无论损失大小，如果事实明确，当事人双方均对事故原因无异议，且一方愿主动赔偿，双方均可协商解决。为了使协商条款能够尽快落实，最好请当地农业或其他行政主管部门主持，或者请当地威望高的人或双方均信赖的人参与调解，以便敦促双方遵守履行协议。

（2）法院起诉，民事赔偿。在协商不成的情况下，应当及时向法院起诉，当事人双方应各自提交自己的证据。例如，购货发票、专检鉴定报告、农药质量鉴定报告等，依法主张和维护自己的合法权益。

（3）移交公安，刑事追责。销售假劣农药、违法使用农药均可构成犯罪。例如，刑法规定，销售生产的假劣农药给农民造成 2 万元经济损失即可构成"生产、销售伪劣农药罪"；在农产品种植过程中，农民非法使用禁用农药可构成"生产、销售有毒、有害食品罪"。

（4）行政处罚，惩戒当事人。产生农药纠纷后，无论经营者还是使用者，只要客观上销售假劣农药，或超范围、超量使用农药，均违反了农药管理条例的有关规定，将面临行政处罚。

第三章 农药使用须知

农药的使用涉及千家万户，更关系到农业生产安全、农产品质量安全和生态环境安全。当前我国已开始美丽乡村建设，建设农村良好的生态环境是美丽乡村建设中重要的一环。

第一节 我国农药使用现状及存在的问题

一、农药使用者类型

（一）农户家庭

目前，石家庄市80%以上的农药使用者仍是个体农户，这些使用者以家庭妇女、50岁以上的老人为主。他们文化水平不高，主要从当地基层农药零售商那里购药。购药时：一是凭经验；二是听农药经营者推荐；三是随大流，看别人用什么药自己也用什么药。这部分人使用的农药机械以手动或电动喷雾器为主，施药水平一般。

（二）合作社、家庭农场、种粮种菜大户、农业园区

这部分农药使用者技术水平相对较高，有的还雇用专门农业技术人员。他们中一部分人（包括外聘技术人员和年轻的农场主）可以被称作"职业农民"，这些人愿意接受农业新技术和培训，但其总体农药使用水平仍处于注重防治效果，对农药毒性、残留超标、农药使用安全间隔期等概念模糊不清。这部分人使用的农药机械以电动喷雾器、机动喷雾器、或大型动力牵引型喷药

机械为主，施药水平相对较高。他们主要从农药批发商处购买所需农药，所购农药质量相对有保障。

（三）专业化植保服务组织

这部分人员使用大型植保机械、无人机喷药，懂专业技术，选择农药时，注重农药效果的比较；其主要从农药生产企业购买农药，农药质量有保障。例如，在石家庄市 2018 年其植保专业化防治组织达到 25 个，拥有大型喷雾机械 700 台，无人植保机 280 架，年作业面积已达到 500 万亩次，发展速度较快，正在逐渐成为市场上的施药主力！

二、违规使用农药的主要表现形式

（一）超范围使用农药

目前在石家庄市小麦、玉米大田除草上超范围用药现象已基本不存在，但在蔬菜田、果树、中药材等作物的用药上超范围用药现象还很普遍。尤其在农户家庭使用者当中，由于多年的使用习惯，往往只看农药品种，而不看农药标签上登记的使用作物和防治对象，因此，个人用户中超范围用药现象较普遍。

（二）超量使用农药

为了保证防治效果，随意加大亩用药量，这种情况在农户家庭类型的使用者和部分施药水平较低的个体植保服务组织中存在。

（三）不到间隔期多次用药

不到间隔期多次用药，是导致石家庄市蔬菜农残超标的主要原因。主要是因为个体农户为保证蔬菜上市品相，不到安全间隔期连续用药；另外，这种现象在冬季大棚农药熏蒸防治病虫时较普遍。

（四）使用国家禁、限用农药

这几年使用禁用农药的情况已基本没有，但限用农药的非法使用和被动使用（作为隐性成分非法添加在普通低毒农药中，用户在不知情的情况下使用）现象仍时有发生。个别禁用高毒农药以第三组分的形式存在，或者以"假冒其他农药"的形式销售。例如，把克百威作为隐性成分存在于熏蒸类杀虫、杀菌剂中；又如，"乐果"的标签，里面实际装的是"氧乐果"，张冠李戴销售。

三、违规使用农药产生的问题

一是产生药害。超范围用药、超量用药或使用时期不对，导致农作物药害产生，致使农作物减产。例如，2016 年栾城区某合作社，在小麦上加量使用某小麦除草剂、且使用时期不对，导致 200 亩小麦出现不同程度药害，导致小麦减产。

二是农残超标。主要表现在蔬菜上，因为喷药后，时间很短就采摘上市，加之菜农根本没有安全间隔期的概念，导致农残超标事件屡屡发生。而大田作物生长时间长，收获后一般会再储存一段时间，通常不会农残超标。

三是污染生态环境和导致害虫、杂草耐药性的产生。例如，连年超量使用苯磺隆，导致了小麦田抗性杂草"播娘蒿"的产生；吡虫啉用于防治蚜虫本来效果不错，连年使用后，防效大幅降低。因此，不同品种、不同作用机理的农药，轮换使用，是防止防治对象产生抗药性、耐药性的一种行之有效的方法。

四、违规使用农药产生的原因

（一）农户自己的责任

这部分家庭农户，大多自己喷药，为增加防治效果擅自加大农药使用量，导致农药残留超标、药害或害虫、杂草抗药性的产生。

（二）农药经营者的责任

农药经营者为了利润向使用者推荐不合法的农药（含隐性成分的农药、假农药、高毒农药）或加大农药使用量，从而导致药害或农残超标问题的发生。

（三）第三方的责任

这主要是存在于近两年大量涌现的植保服务组织中，其中，个别植保服务组织管理和培训不到位，导致药害事故频发。究其原因：主因植保服务组织内部管理不到位，机手未经专业培训，技术水平不高，未经试验乱用药。因为其是机械化防治，一旦出现药害就是大面积的，社会影响较大。

第二节　如何科学选购农药

安全、合理使用农药，科学选购是第一关。农药购买者购买农药时应注意以下几方面。

一、选择正规的农药经营门市

消费者到正规的农药经营门市购买农药产品，可以最大限度地避免买到不合格的农药，那么，消费者就要学会判断什么样的门市是正规的。

进入门市后，经营者的农药经营许可证和营业执照应该挂在醒目的位置；门市里的产品的摆放较为整齐，环境也很干净卫生；通过与门市里的经营人员交谈，该人员应当具备且熟悉相关的农药知识，能告知使用方法和注意事项；购买农药后，该门市能够开具购买凭证和诚信卡。

符合以上这些条件了，就说明这个门市是较为正规的，可以放心购买，如果购买的农药有问题也便于维权。

二、选择包装、标签规范的农药产品

购买时，可以先简单地查看一下该农药产品的包装是否完好，有无破损、开封或渗漏；是否有标签和附具出厂检验合格证。根据《农药标签和说明书管理办法》的规定，农药标签应当标注下列内容很多，如农药名称、剂型、有效成分及其含量等十几项内容。

购买时，重点看农药通用名和有效成分含量标注的位置是否醒目，三证是否齐全，生产企业及联系方式、生产日期是否清楚。一些商家为追求利益，故意突出或隐藏标签的某项重要内容，误导消费者，购买时要特别注意。

另外，可登录"中国农药信息网"（网址：www. chinapesticide. gov. cn），在"农药登记产品查询"栏目中输入该农药产品的农药登记证号，点击查询按钮，可查验所购买的产品的农业农村部备案的电子标签的信息内容，是否后实物标签相符；还可扫描标签上的二维码，查看相关内容，进行综合判断。

三、通过观察外观识别

购买农药时，可以将其放在光线强的地方观察它的颜色、形状等性状，必要时，可上下轻轻摇动，来判断农药的质量状况。

（1）可湿性粉剂。粉末应该粗细均匀、颜色一致、疏松，不能有结块。

（2）颗粒剂。颗粒大小、颜色均匀，不能有粉末，大小不能相差太大。

（3）乳油、水剂。应均匀一致，无分层、浮油、沉淀的透明液体。

（4）悬浮剂、悬乳剂。应是均匀、可流动的液态混合物，若长期存放可能出现分层，但经摇晃后可恢复原状。若出现分

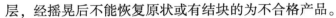

层，经摇晃后不能恢复原状或有结块的为不合格产品。

（5）熏蒸用的片剂。如果呈现粉末状，表明已失效。

四、价格比较

市场上销售的同类农药产品，价格上会有差异，这是正常现象，但是在有效成分含量、包装重量均相同的情况下，价格明显高于或低于同类产品的，假冒的可能性较大。消费者遇到这种情况时要仔细斟酌。

第三节　如何做到合理使用农药

一、要熟悉本地农作物生产特点

农作物有其本身的遗传特性，也受其生活环境的影响，农作物生产具有地域性、季节性、周期性和持续性的特点。病原菌、害虫、杂草等有害生物是与农作物协同进化的，不同地域、不同季节、不同作物种类、不同生育期，有害生物发生的特点各有不同。所以，用于预防和控制有害生物的农药，应依据其发生特点科学合理选择使用。绝不能一个配方或一套解决方案"打遍天下"。

二、准确判断病虫草害

病原菌、害虫和杂草种类不同，发生规律则不同，对药剂的敏感性或抵抗力差异很大。同一种药剂对不同防治对象的药效不同，同一种防治对象对不同的药剂也表现出不同的抵抗力。此外，同一种有害生物的不同发育阶段，对药剂的抵抗力也有显著差异，如昆虫和螨的卵，与其幼虫阶段相比，耐药性明显强。因此，在选用农药时，一定要了解防治的对象的种类和生长发育阶

段，做到"对症下药"。

三、把握好农药用量和喷药质量

任何种类农药均须按照产品标签推荐量使用，不能随意增加或减少。一味加大用药量会使病菌和害虫产生抗药性，也易发生药害，造成农产品中农药残留超标。同时，应当注意喷药质量，做到施药均匀。由于现在农民喷药，为了省工省里，大多将几种农药混在一起同时喷，但这种喷药方法极易产生药害。为了保证用药安全，一般配药时应采取"二次稀释法"。

（一）农药的"二次稀释"法

"二次稀释"法也称为两步配制法，是农药配制的方法之一，具体步骤如下。

（1）先用小型容器，将农药放置其中并搅拌均匀。农药混配的顺序通常为：可湿性粉剂、悬浮剂、水剂、乳油依次加入，搅拌均匀，此时配好的药称为"母液"。

（2）将小容器内的母液，倒入喷雾器内加水进行二次稀释。此时，搅拌均匀后即可进行田间喷药作业。

（二）"二次稀释法"的优点

1. 能够保证药剂在水中分散均匀

先用少量水配成较浓稠的母液，进行充分搅拌，可以使农药粉粒均匀分散。例如，可湿性粉剂、粉粒往往团聚在一起成为粗团粒，如果直接投入药桶中一次配液，则粗团粒尚未充分分散即沉入水底，此时再进行搅拌就很困难。药液在喷雾器中没有完全分散开来，导致有的地方浓度高、有的地方浓度低，不利于均匀喷雾。另外，胶悬剂在存放过程中易出现沉积现象，即上层逐渐变稀而下层变浓稠，配制药液时必须采取两步法配制。

2. 有利于准确用药

随着近年来高效农业的发展，每亩地用量仅需十几克（或毫升）甚至几克农药，分配到每个喷雾器中的量更少，这时采用两步法配制有利于准确取药。

3. 可减少农药中毒的危险

对毒性较高的农药，采取二次稀释法配制能减少接触原药的机会，中毒的可能性大大减少。

4. 提高防效

通过二次稀释配置农药，由于农药在药液中分散均匀，效果也会提高，一般估计防效比一次稀释法提高 15%~20%。

四、合理使用农药要与时俱进

由于科学技术的发展和对农药使用的理念的变化，农药的一些品种渐渐被国家禁止生产使用，针对农药残留的检测越来越严格。另外，农药市场在不断发展，老的农药品种，效果越来越差，一些次要病虫害，逐渐上升为主要病虫害，也需要新的农药品种来替代老的农药品种。淘汰落后的产品，使用新型、高效、低毒的农药产品，是时代发展的必然趋势。而随着新型农药产品的推广，与其相配套的使用技术也必将得到普及推广。

因此，农药使用者要更新观念、适时掌握新技术、使用新产品，跟上时代的发展，提高种植效益。但一定要把握住一条，就是农药的使用一定要在保证农产品质量安全的前提下进行，不能只为了防治效果，而忽略了人们"舌尖上的安全"。

第四节 如何保证农药使用安全

农药的使用安全包括 3 方面内容：对作物安全、对生态环境安全、对使用者安全。根据有关数据统计，农药使用后大约有 30%~40% 落到了作物或附着在作物上的害虫身上。因此，使用的农药一定要对作物安全。通常情况下经国家正式登记被许可生产的农药，对适用作物一般是安全的，但由于使用者滥用药，导致作物受害，影响农作物产量。因此，要开展以下几方面工作。

（一）开展安全科学用药培训

农药使用者技术水平低和安全用药意识不强，是导致药害或出现中毒现象的主要原因。因此，农业技术部门、农药监管部门和大型农业企业都要加强对农药使用人员的科学、安全用药培训，不断提高他们的技术水平和安全意识才是防止药害出现的最根本的解决办法。其中，应重点对大型药械机手、园区技术员、植保飞防组织等开展科学用药技术培训，因为他们用药面积大，影响也大，一旦出现药害，后果不堪设想。

（二）严格按照农药标签规定指导和使用农药

新修订《农药条例》出台后，对擅自修改标签内容处罚力度非常大！因此，正规企业在标签标注上一般不会擅自扩大防治范围或防治对象。从正规经营者处购药，认真阅读标签，并重点关注注意事项，严格按照规定的使用方法和安全间隔期用药，基本上可以避免药害的产生。

（三）做好试验、示范，再推广

目前，我国好多小宗作物产品登记很少，甚至无药可用。鉴于这种客观现状，为解决农民的实际用药困难，建议农药经营者在推荐一种新药时（尤其是没有登记的农药），一定要先亲自做好小面积试验，再进行小范围示范，最后才能推广。否则，一旦产生药害，经营者将全部承担因药害产生的损失。推广新药一定要慎之又慎，做到试验、示范、推广"三步走"。

（四）做好农药废弃物的储存保管、严防废弃药液污染环境

农药经营者应当妥善回收保管好废弃的农药包装，农药使用者也不能随意丢弃农药包装，更不能在河沟池塘洗刷喷雾器。农药废弃物的处理，国家将出台相关政策和法律，农药经营者、生产者不履行农药废弃物回收处置义务将面临处罚。

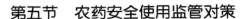

第五节 农药安全使用监管对策

农药安全使用涉及面太广，使用着成千上万，且分散在一个个农户中，监管困难，但对于农药使用的监管，在农药管理条例中第三十条明确规定：县级以上人民政府农业主管部门应当加强农药使用指导、服务工作，建立健全农药安全、合理使用制度，并按照预防为主、综合防治的要求，组织推广农药科学使用技术，规范农药使用行为。林业、粮食、卫生等部门应当加强对林业、储粮、卫生用农药安全、合理使用的技术指导，环境保护主管部门应当加强对农药使用过程中环境保护和污染防治的技术指导。第六十条规定：县级农业主管部门负责对农药使用者违法的处罚。因此，农药的使用指导和监管是农业部门不可推卸的责任。

现阶段下加强农药使用监管的对策

（一）技术层面

一是农业技术部门和监管部门同时大力开展各类技术培训和政策法规培训，主要针对农业园区、合作社、植保服务组织的技术人员和施药机手开展，提高农药经营人员守法的自觉性和使用人员的技术水平，防患于未然。

二是植保部门要针对不同作物筛选、推荐出高效、低毒农药品种使用目录，以便农业技术人员和植保服务组织有目标地选购。

（二）政策层面

一是建议政府开展用药技术培训补贴，因为这项服务是纯公益性的，政府应该本着保证农产品质量安全的目的加大此部分投入。

二是建议市政府开展低毒、低残留生物农药补贴。因为要改变农民用药习惯，政府应通过补贴降低"低毒、低残留生物农药"的价格，吸引农民购买、逐步培养农民形成使用低毒、低残留和生物农药的习惯。

三是建议有条件的地方出台地方法规，弥补制度漏洞。

(三) 监管层面

1. 加大重点区域巡查、抽样力度——及时发现问题、及时查处

在现阶段下，监管部门要通过加强对农业园区、合作社、种田大户的多频次、重点抽检，将问题农药尽量卡在进入市场前，或对已发现的滥用药问题采取补救措施，确保农药残留不超标，确保重点区域的农产品质量安全。

2. 严把农药进入关

农药经营者要严格履行进货查验制度，将伪劣农药卡在进入市场前，从而从源头上降低农药使用风险。在此基础上结合市场执法，重点针对未备案农药品种抽查，这样监管效果将事半功倍。

3. 利用农药监管信息平台，扎实落实倒置追溯制度

按照《农药管理条例》的规定经营者必需配备农药"进销存软件"（电子台账系统），一旦农药经营者全部配备了此系统，随着二位码扫描设备使用普及，加上农药监管部门的后期监管，农药行业从生产、经营、到使用的全部环节，将真正做到逐级追溯。未来，农药使用监管将出现质的飞跃！

第四章　农药安全生产须知

第一节　开办农药生产企业要求

国家对开办农药生产企业是有严格规定的，但只要申请企业符合《农药生产许可管理办法》的有关规定，即可申请开办。申请开办农产企业主要涉及以下几方面。

一、厂址选择

《农药生产许可管理办法》中明确规定，新设立化学农药生产企业或者非化学农药生产企业新增化学农药生产范围的，应当在省级以上化工园区内建厂；新设立非化学农药生产企业、家用卫生杀虫剂企业或者化学农药生产企业新增原药（母药）生产范围的，应当进入地市级以上化工园区或者工业园区。

二、设备、工艺流程

购买的农药生产设备要符合工艺流程要求，要经过有资质的专业部门设计，施工。设备上要有标示，例如，生产过程中物料输送管线要在明显位置设置名称、流向等标志，管线应按照《安全色》标准绘制，可采用色环、色标或管道整体涂色等形式。

操作人员对生产设备一定要按规定流程操作，不得违规操作，许多安全事故都是因为操作人员违规操作造成的，因此，各种制度、操作规程一点要上墙，起到时刻提醒工人的作用。

三、人员要求

合格的管理人员和技术人员是企业正常生产的保证，因此，农药生产企业负责人要熟悉、了解与农药生产有关的环保、安全等法律法规，如《农药管理条例》《中华人民共和国环境保护法》《中华人民共和国安全生产法》等；有符合国家要求数量的技术人员，有专职安全生产管理人员、特种设备操作人员、化验人员等，以上人员都要持证上岗，并定期开展岗位技术培训。

四、各项管理制度健全

各项管理制度是企业安全生产，并生产出合格农药产品的重要保障。各项管理制度包括原材料采购、工艺设备、质量控制、产品销售、产品召回、产品储存与运输、安全生产、职业卫生、环境保护、农药废弃物回收与处置、人员培训、文件与记录等管理制度等。

第二节　农药生产过程的安全管理

农药安全生产通常是指农药生产过程要安全、对周围的环境安全、生产出的农药产品质量安全。近年来，农药、化工生产企业安全事故频出，例如，2019 年江苏省盐城响水"3.21"天嘉宜公司爆炸事故，死亡人数 78 人；2018 年河北省张家口盛华化工有限公司发生爆燃，造成 24 人死亡，等等，不断给安全生产敲响警钟。

一、安全生产的监管部门

根据《安全生产法》有关规定：国务院安全生产监督管理部门，对全国安全生产工作实施综合监督管理；县级以上地方各级人民政府安全生产监督管理部门，对本行政区域内安全生产工作实施综合监督管理。

县级以上地方各级人民政府有关部门依照本法和其他有关法律、法规的规定，在各自的职责范围内对有关行业、领域的安全生产工作实施监督管理。

县级以上地方各级人民政府应当根据本行政区域内的安全生产状况，组织有关部门按照职责分工，对本行政区域内容易发生重大生产安全事故的生产经营单位进行严格检查。

另外，按照国务院"管行业就要管安全"的要求，农业部门对农药生产企业的安全生产监管责无旁贷。但重点是依据《农药管理条例》赋予的权力，对企业所生产的农药产品质量开展全程监管，对于其他涉及安全的问题，农业部门在发现隐患后要及时通知有关监管部门（如：应急管理、环保、消防、公安），多部门根据职责，共同做好农药生产企业的安全监管。

二、安全生产的责任主体

《安全生产法》第五条规定：农药生产、经营单位主要负责人对本单位的安全生产工作全面负责。

第八条规定：国务院和县级以上地方各级人民政府应当根据国民经济和社会发展规划制定安全生产规划，并组织实施。安全生产规划应当与城乡规划相衔接。国务院和县级以上地方各级人民政府应当加强对安全生产工作的领导，支持、督促各有关部门依法履行安全生产监督管理职责，建立健全安全生产工作协调机制，及时协调、解决安全生产监督管理中存在的重大问题。

乡、镇人民政府以及街道办事处、开发区管理机构等地方人民政府的派出机关应当按照职责，加强对本行政区域内生产经营单位安全生产状况的监督检查，协助上级人民政府有关部门依法履行安全生产监督管理职责。

第九条规定：国务院安全生产监督管理部门依照本法，对全国安全生产工作实施综合监督管理；县级以上地方各级人民政府安全生产监督管理部门依照本法，对本行政区域内安全生产工作实施综合监督管理。

国务院有关部门依照本法和其他有关法律、行政法规的规定，在各自的职责范围内对有关行业、领域的安全生产工作实施监督管理；县级以上地方各级人民政府有关部门依照本法和其他有关法律、法规的规定，在各自的职责范围内对有关行业、领域的安全生产工作实施监督管理。

安全生产监督管理部门和对有关行业、领域的安全生产工作实施监督管理的部门，统称负有安全生产监督管理职责的部门。

由上述规定可看出，各级政府对安全生产负有领导责任，农药生产经营部门主要负责人对本单位的安全生产工作全面负责，各级安全生产监管部门负责对本行政区域内安全生产工作实施综合监督管理，其他有关部门依照《安全生产法》法和其他有关法律、行政法规的规定，在各自的职责范围内对有关行业、领域的安全生产工作实施监督管理。

三、如何保证安全生产

（一）制定好安全生产各项管理制度

农药企业应制定本单位各类安全生产规章制度，主要包括原材料采购制度、工艺设备维修制度、质量控制制度、产品销售制度、产品召回制度、产品储存与运输制度、产品检验制度、安全生产管理制度、职业卫生、环境保护制度、农药废弃物回收与处置制度、人员培训制度、文件与记录等管理制度等。

各项安全生产管理制度制订和有效执行是安全生产的保证，只有在工作中不折不扣地落实，才能切实保证农药生产的安全。

（二）生产设备完好，处于正常生产状态

生产设备、设施安装运行一段时间后可能会出现损坏，要及时维修，不能带病运行。压力表、化验设备等要及时检测、矫正，确保显示数据正常和化验结果代表设备实际检测情况；不使用的设备要设置明显标志；各种开关、阀门要标志"关""闭"方向，防止误操作；出现跑冒滴漏现象，要及时维修、处置，防止引起事故。

（三）生产岗位操作人员必须严格执行岗位操作规程

工艺规程和安全操作规程，是根据不同的农药生产要求制订的，不得随意更改。具体操作工人要严格按照生产岗位操作规程执行，杜绝违规操作。如设备运行中发现工艺流程存在缺陷和改进点，严禁私自更改工艺流程。应请专业设计部门，来进行工艺升级改造，确保生产安全、可靠，生产出的产品质量稳定、合格。

第五章　农药监督管理

第一节　农药监管部门

随着国家及各省、市机构改革步伐的加快，农药原来的多头监管、"九龙治水"的局面已经改变，但国家政府的管理体制是网格化的。农药管理工作，从主体上看，以农业农村管理部门为主。农业部门负责农药从生产、经营到使用的全程监管，是农药监管的责任主体。但各级政府的其他部门（如发改、工信、环保、安监等）在各自的职责范围内负责有关农药监管工作。

另外，各级政府也负有相应的管理责任。这在《农药管理条例》中都有明确规定（详见农药管理条例第三条、第四条的规定）。

因此，农药管理工作是在各级政府组织领导下，以各级农业农村部门管理为主，其他各级职能部门按职能分工负责，互相协作的管理模式。

第二节　农药监管对象和内容

目前，全国有生产企业 2 000 多家，生产 3 万多个农药产品。据不完全统计，全国农药经营者有 30 多万家，农药经营人员有 60 多万人，农药使用有 2 亿多家农户，涉及 3 亿左右从事农业生产人员。目前来看，农户约 60% 以上依靠经销商推荐购买和使用农药，80%以上的农作物病虫害防治由农民自己完成，但随着植保社会化服务组织的不断发展壮大，由第三方开展的病虫害防治面积逐年扩大。

一、农药监管对象

农药监管对象主要包括 3 类：农药生产企业、农药经营企业、农药使用者。

二、农药监管主要内容

（一）农药质量监管

监管部门通过现场检查、开展农药产品质量抽检。主要检查检测农药产品是否符合规定的质量标准，检查是否和标签标注的有效成分种类、剂型相符，检查产品中是否混有导致药害的成分，减产产品的净含量是否和标签标准的相符。从而防止农药生产企业和经营单位禁止生产和经营假劣农药，给农业生产带来损失，一旦发现违法行为，将立案查处。

另外，监管部门还将检查生产经营的农药产品是否证件齐全（生产证、登记证、质量标准证、合格证）。证件是否在有效期内。

（二）农药标签监管

对于标签的监管主要是看产品标签是否和农业部备案的电子标签标注内容一致。如和备案标签内容不一致，有擅自扩大的内容（如增加使用范围、扩大适用作物、更改使用剂量等），生产者或经营者将按生产或经营标签不符合规定的产品，给予处罚（详见农药管理条例第五十三、五十七条的规定）

（三）农药生产许可证、农药登记证、农药经营许可证的监管

农药生产证、登记证、经营许可证的办理在农业或其他审批

机关，当事人在取得上述证件后方可开展农药生产、经营。如当事人未取得上述证件，则不能从事同有关农药生产、经营活动。另外，生产企业应当按照核准的生产范围，按规定的标准生产合格的农药产品。

农药生产许可证取得后，如生产条件发生变化（如场地变更、设备损坏不能使用、技术人员不符合要求等），不再符合条件的，需整改，整改后仍不符合要求将上报有关部门予以吊销农药生产许可证。被吊销农药生产许可证的企业，继续生产农药，其生产的产品将按假农药处理。按照《农药管理条例》第五十二条的规定，将由县级以上人民政府农业主管部门责令停止生产，没收违法所得、违法生产的产品和用于违法生产的工具、设备、原材料等，违法生产的产品货值金额不足 1 万元的，并处 5万元以上 10 万元以下罚款，货值金额 1 万元以上的，并处货值金额 10 倍以上 20 倍以下罚款；构成犯罪的，依法追究刑事责任。

农药经营许可证取得后，如经营条件发生变化（如符合资质的经营人员调走、经营、仓储场地改变等，发现弄虚作假取得农药经营足可证）将被责令整改，严重的吊销其农药经营许可证。被吊销农药经营许可证后，仍经营农药，将按照《农药管理条例》第五十五条之规定，由县级以上地方人民政府农业主管部门责令停止经营，没收违法所得、违法经营的农药和用于违法经营的工具、设备等，违法经营的农药货值金额不足 1 万元的，并处5 000 元以上 5 万元以下罚款，货值金额 1 万元以上的，并处货值金额 5 倍以上 10 倍以下罚款；构成犯罪的，依法追究刑事责任。

农药登记证被注销或吊销后，生产企业不能再生产该登记证产品。无农药登记证的产品，按假农药处理。将由县级以上人民政府农业主管部门责令停止经营，没收违法所得、违法经营的农药和用于违法经营的工具、设备等，违法经营的农药货值金额不足 1 万元的，并处 2 000 元以上 2 万元以下罚款，货值金额 1 万元以上的，并处货值金额 2 倍以上 5 倍以下罚款；情节严重的，由发证机关吊销农药经营许可证；构成犯罪的，依法追究刑事责任。

（四）经营台账的监管

按照农药管条例的规定，农药生产者、经营者都必须建立进、销台账，并要保留 2 年以上。主要是为了在出现问题后，能够溯源。不建立经营台账，或台账不健全，将被责令改正，拒不改正的将被处以罚款或吊销生产或经营许可证（详见农药管理条例第五十四条、五十八条）。

（五）其他内容监管

其他内容监管包括农药生产者、经营者应当履行问题农药召回的义务，农药废弃物的回收义务；农药经营者应当正确履行告知义务；不得在农药中擅自添加物质；农药经营场所内不得经营食品、使用农产品、饲料等；卫生农药经营应分柜销售；限制农药实行定点经营；农产品生产单位、合作社、植保服务组织应建立农药使用记录制度；农药使用者不得使用禁用农药、不得擅自超范围、超量使用农药；农药生产者、经营者是否招录禁业人员；网上销售农药者是否建立线下农药经营实体店等。

第三节　农药监管主要方式

一、日常监管

县级以上农业行政主管部门根据有关法律法规规定，可以对农药生产、经营单位行使下列职权。

（一）依法对农药生产、经营、使用场所实施现场检查

不管是销售的门店、销售的流动车辆，还是产品存放的仓库，都属于具体的销售现场。有关行政主管部门都有权进入这些场所进行检查。当事人不得拒绝。

（二）依法对生产、经营、使用的农药实施抽查检测

监管人员可以依法对生产、经营、使用的农药进行抽样、检测，目的是为了保证市场上流通农药质量合格，维护正常的市场经营秩序。

（三）依法向有关当事人调查、了解有关情况

当事人是指企业的法定代表人、企业的主要负责人和企业的有关工作人员。有关部门向上述人员了解情况时，应当出示证件，表明身份。了解情况的范围主要是与违反农药管理条例规定有关的行为。被了解情况的有关人员均如实反映真实情况，不得拒绝和隐瞒。

（四）依法查阅、复制合同、票据、账簿以及其他有关材料

查阅、复制有关材料是为了掌握相关证据，准确查处农药产品质量违法行为，是为了更好地查清假、劣产品的来龙去脉。一方面，有关部门有权查阅、复制涉嫌产品质量违法行为相关的合同、发票、账簿以及相关资料；另一方面，涉嫌产品质量违法的生产、销售者必须如实向有关部门提供有关的资料，不得以任何理由拖延或者拒绝。

（五）依法查封、扣押违法生产、经营、使用的农药以及用于违法生产、经营、使用农药的工具、设备、原材料等

查封和扣押属于行政强制行为。行政强制是指行政机关为了保障行政监督、管理的顺利进行，通过采取强制手段迫使拒不履行法律规定义务的相对人履行法律规定的义务，或者出于维护社会秩序或保护公民人身健康、安全的需要，对相对方的人身或财产采取紧急性、即时性强制措施的行为。有关部门对有严重质量

问题的产品以及用于生产、销售该产品的原辅料、包装物，生产工具予以查封或者扣押的职权，是为了保护人身健康、安全的需要，对生产、销售有严重质量问题的产品及其他相关物品可以采取的紧急性、即时性强制措施。这些产品及相关物品主要包括如下。

（1）不符合保障人体健康和人身财产安全的国家标准、行业标准的产品。

（2）其他有严重质量问题的产品。

（3）直接用于生产、销售问题产品的原辅材料、包装物、生产工具等。

（六）查封违法生产、经营、使用农药的场所

因为查封违法生产、经营、使用农药的场所的目的在于，通过行政手段强制违法者停止经营，防止其继续从事同样的违法行为。

二、监督抽查

2008年实施的《农产品质量安全法》和2017年修订《农药管理条例》以法律的形式，将农药监督抽查作为农业部门的一种制度确定下来。农药监督抽查作为农药市场监管的有效措施，在确保农作物重大病虫害的有效防治、保障农药质量安全以及农产品质量安全等方面，其发挥的作用，不可忽视。

农药监督抽查根据工作的需要可以实行多种方式进行，主要有以下几种：即委托监督抽查、指定对象监督抽查、交叉监督抽查、日常监管随机抽查等。

（一）指定对象监督抽查

指定对象监督抽查是指主管部门对指定的单位和产品进行农药监督抽查。该种抽查方法特别适合于专项整治。对指定对象农药监督抽查结果，因被抽查对象事先确定，监督抽查的结果可以

作为有关行政主管部门立案和执法的直接证据。

（二）交叉监督抽查

交叉监督抽查是指主管部门指定其他地域的执法机构和人员对一定范围的产品进行随机抽查，并委托被抽查所在地及抽样任务单位以外的检测机构承担样品的检验和判定工作的监督抽查。此种抽查方法特别适合于上级部门全面掌握全国、或一省、一市的农药市场的基本情况，为相关管理部门决策提供可靠的依据。

（三）委托监督抽查

委托监督抽查是指上级主管部门部署监督抽查任务，委托下一级管理部门，在一定时限内对本辖区内涉嫌违规的产品，实施重点抽查并及时对违规生产经营单位进行查处，有条件地提供资金或技术支持的监督抽查方式。此种抽查方式特别适合于在农业生产旺季实施，以加大执法力度，提高执法工作的威慑力。

（四）日常监管随机抽查

日常监管随机抽查是指农药监管部门在日常监管工作中，针对辖区内的农药生产、经营、使用单位进行随机抽查，对其经营的农药产品也实行随机抽取。主要是各地农药监管部门为了掌握当地农药生产、经营、使用单位的农药产品质量情况，以便为当地有关管理部门决策提供可靠依据。

农药监督抽查的方式，是农药主管部门根据工作目的、工作方式或任务来源等来划分的，其名称、叫法很多。在实际抽查工作中，往往同一种抽查方式，可包含着多种称谓，监管部门可以根据工作的实际需要来使用，也可交叉使用。

例如，上级委托下级抽查高效氯氟氰菊酯这个农药产品，可以被称作"委托抽查"；又因为是指定某个产品抽查，也可以被称作"指定抽查"；如发现该产品在某地存在问题较多，以问题为导向，为了整顿市场，也可以针对重点企业的该产品实行"重点抽查"；如果为了解该产品，看其是否有违法添加其他农药成分，则也可以进行"专项抽查"；如只是为了掌握在当地市场该药的整体质量情况，凡是生产该产品的农药企业，一视同仁，在市场上可实行"随机抽检"；如果只是日常抽检工作中，随机在市场上抽检到该产品，这也可被称作"例行抽检"。

三、案件查处

农业行政主管部门负责对生产、经营、使用单位的违法行为立案查处，这是整顿农药市场的一个重要手段。依据相关法律法规规定，农业行政主管部门可以给予违法单位责令改正、罚款、没收、停止经营、查封、报请有关部门吊销营业执照、农药生产证、农药登记证、农药经营许可证、禁业等处罚，如涉嫌犯罪的还将被移交司法部门进行刑事处罚。

案件查处是农业执法部门打击农药为犯罪行为的一种重要手段，但并不是唯一的手段。按照农业农村部 180 号令《规范农业行政处罚自由裁量权办法》规定（该办法自 2019 年 6 月 1 日起施行），有下列情形之一的，农业农村主管部门依法不予处罚。

（1）未满 14 周岁的公民实施违法行为的；

（2）精神病人在不能辨认或者控制自己行为时实施违法行为的；

（3）违法事实不清，证据不足的；

（4）违法行为轻微并及时纠正，未造成危害后果的；

（5）违法行为在两年内没有发现的，法律另有规定的除外；

（6）其他依法不予处罚的。

因此，农药生产、经营、使用者一定要认真学相关法律、法规和规章。

第四节　农药生产、经营、使用者的权利和义务

农药生产、经营、使用者在生产、销售和使用农药时，应遵守相关的法律规定，既享有有关的权利，但也应尽到自己应尽的义务，主要体现在以下几方面。

一、不得拒绝依法进行的农药监督检查

对农药进行监督检查，是行政主管部门的重要职责。产品的经营单位有责任、有义务接受监督检查。农药生产、经营、使用者接受监督检查是强制性的义务，任何单位和个人不得以任何理由拒绝妨碍行政机关执行公务。对于拒绝接受监督检查的，行政机关应当依法进行处理。

因此，农药生产、经营、使用者应当主动自觉接受后和配合农业主管部门和其他相关部门在各自职责范围内开展的监督检查，例如，农业主管部门依法开展的对农药经营场所的检查、农药质量的抽检、农药经营资质的检查、经营台账的查阅等。农药执法部门的人员在检查时要主动出具执法证件，当事人不得以任何理由拒绝接受检查，需要检查有关账簿、台账、合同等有关材料时，经营者不得以任何理由拒绝或拖延。

二、可以不接受重复抽查

抽查的目的是督促企业提高产品质量，抽查方式可以各有多种多样，但行政主管部门对同一企业的同类产品不能进行重复抽查。重复抽查内容如下。

（1）一定的时间内，对同一种产品进行两次以上的抽查。

（2）国家已经抽查过的产品，在半年内，地方产品质量监督部门再次进行抽查。

（3）上级质量监督部门已经抽查过的产品，下级质量监督部门在半年内又进行抽查。

三、不需缴纳监督抽查检验费用

监督抽查是政府行为，是面向全社会的，全社会通过质量监督抽查行为，都将获益。既然抽查行为是使社会公众共同获益的行为，就不宜对某一特定的社会单位或个人收取检查费用，而应当从用于社会管理的财政支出中统一列支。但是，经营单位自己申请产品复查检验的，其检验费用由申请复检的企业自行支付。

四、对抽查检验的结果有异议的，可以申请复检

被抽检者要求、申请复检是自己一项合法、正当的权利，此项规定的意义在于：一是充分保护产品生产者、销售者、使用的合法权益；二是制约和监督产品质量监督部门和产品检验机构的工作，使产品质量抽查检验不出差错或者少出差错，提高监督抽查的准确性和权威性；三是有利于上级产品质量监督部门对下级产品质量监督部门的监督，可以及时发现和纠正下级产品质量监督部门抽查检验中出现错误。

五、应对经营的农药产品质量和标签负责

《中华人民共和国产品质量法》第三章第二节规定了销售者的产品质量责任和义务。《农药管理条例》规定，农药经营者应当对其经营的农药的安全性、有效性负责，自觉接受政府监管和社会监督。农药经营单位应当对经营的农药产品质量和标签负责，农药经营者采购农药应当查验产品包装、标签、产品质量检验合格证以及有关许可证明文件，不得向未取得农药生产许可证的农药生产企业或者未取得农药经营许可证的其他农药经营者采购农药。

六、应向农药购买者履行告知义务

农药产品是否能被安全、科学地应用于农作物病虫草害防治，是农产品质量安全的主要影响因素之一。据统计，目前我国大多数的农民根据经销商的推荐选购农药，因此，农药经营者在销售农药时，如果能够正确履行告知义务，教会购买者正确使用农药，是保障农业生产和农产品质量安全最行之有效的途径。

《农药管理条例》第二十七条第二款明确规定，农药经营者应当向购买人询问病虫害发生情况并科学推荐农药，必要时应当实地察看病虫害发生情况，并正确说明农药的使用范围、使用方法和计量、使用技术要求和注意事项，不得误导购买人。

如不履行告知义务，或不正确履行告知义务，导致农药使用者在农业生产过程当中，发生经济损失，农药经营者要承担相应的民事赔偿责任。

七、应履行问题农药的召回义务

按照《农药管理条例》规定，农药经营者发现其经营的农药对农业、林业、人畜安全、农产品质量安全、生态环境等有严重危害或者较大风险的，应当立即停止销售，通知有关生产企业、供货人和购买人，向所在地农业主管部门报告，并记录停止销售和通知情况。

《中华人民共和国产品质量法》规定，经营者发现其提供的商品或者服务存在缺陷，有危及人身、财产安全危险的，应当立即向有关行政部门报告和告知消费者，并采取停止销售、警示、召回、无害化处理、销毁、停止生产或者服务等措施。采取召回措施的，经营者应当承担消费者因商品被召回支出的必要费用。

当农药对农业、林业、人畜安全、农产品质量安全、生态环境等有严重危害或者较大风险时，在流通环节及时发现并采取挽救措施，尽最大努力消除可能产生的危害，确保农业生产和人们健康安全，是农药经营者应该履行的社会责任和义务。

八、应履行废弃物回收义务

按照《农药管理条例》规定，国家鼓励农药使用者妥善收集农药包装物等废弃物，农药生产企业、农药经营者应当回收农药废弃物。农药包装废弃物是指农药使用后被废弃的与农药直接接触或含有农药残余物的包装物（瓶、罐、桶、袋等）。农药包装废弃物应当由具有危险废物经营许可证的单位处置，农药包装废弃物回收、贮存、运输、处置费用由相应的农药生产者和经营者承担。农药生产者、经营者可协商确定农药包装废弃物回收义务的具体履行方式。

国家环保部门会同农业部门将制定有关农药包装废弃物回收处置管理办法，待相关办法出台后各地可按规定执行。

第五节 农药违法经营法律责任

一、行政处罚

行政处罚是指行政主体依照法定职权和程序对违反行政法规范，尚未构成犯罪的相对人给予行政制裁的具体行政行为。其法律依据为《中华人民共和国行政处罚法》，处罚的种类主要有：警告；罚款；没收违法所得、没收非法财物；责令停产、停业；暂扣或吊销各类许可证和营业执照；行政拘留等。

行政处罚的原则：本着公平、公正、一事不再罚、处罚与教育相结合，教育公民、法人或者其他组织自觉守法。设定和实施行政处罚必须以事实为依据，与违法行为的事实、性质、情节以及社会危害程度相当。对违法行为给予行政处罚的规定必须公

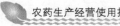

布；未经公布的，不得作为行政处罚的依据。

（一）无农药生产许可证生产农药或生产假、劣农药

《农药管理条例》第五十二条规定：未取得农药生产许可证生产农药或者生产假农药的，由县级以上地方人民政府农业主管部门责令停止生产，没收违法所得、违法生产的产品和用于违法生产的工具、设备、原材料等，违法生产的产品货值金额不足1万元的，并处5万元以上10万元以下罚款，货值金额1万元以上的，并处货值金额10倍以上20倍以下罚款，由发证机关吊销农药生产许可证和相应的农药登记证；构成犯罪的，依法追究刑事责任。

取得农药生产许可证的农药生产企业不再符合规定条件继续生产农药的，由县级以上地方人民政府农业主管部门责令限期整改；逾期拒不整改或者整改后仍不符合规定条件的，由发证机关吊销农药生产许可证。

农药生产企业生产劣质农药的，由县级以上地方人民政府农业主管部门责令停止生产，没收违法所得、违法生产的产品和用于违法生产的工具、设备、原材料等，违法生产的产品货值金额不足1万元的，并处1万元以上5万元以下罚款，货值金额1万元以上的，并处货值金额5倍以上10倍以下罚款；情节严重的，由发证机关吊销农药生产许可证和相应的农药登记证；构成犯罪的，依法追究刑事责任。

委托未取得农药生产许可证的受托人加工、分装农药，或者委托加工、分装假农药、劣质农药的，对委托人和受托人均依照本条第一款、第三款的规定处罚。

（二）采购无合格证农药原材料，销售无合格证农药，农药包装、标签、说明书不符合规定，不召回问题农药

《农药管理条例》第五十三条规定：农药生产企业有下列行为之一的，由县级以上地方人民政府农业主管部门责令改正，没

收违法所得、违法生产的产品和用于违法生产的原材料等，违法生产的产品货值金额不足 1 万元的，并处 1 万元以上 2 万元以下罚款，货值金额 1 万元以上的，并处货值金额 2 倍以上 5 倍以下罚款；拒不改正或者情节严重的，由发证机关吊销农药生产许可证和相应的农药登记证：

（1）采购、使用未依法附具产品质量检验合格证、未依法取得有关许可证明文件的原材料。

（2）出厂销售未经质量检验合格并附具产品质量检验合格证的农药。

（3）生产的农药包装、标签、说明书不符合规定。

（4）不召回依法应当召回的农药。

（三）不履行原材料进货、农药出厂销售记录及农药废弃物回收制度

《农药管理条例》第五十四条规定：农药生产企业不执行原材料进货、农药出厂销售记录制度，或者不履行农药废弃物回收义务的，由县级以上地方人民政府农业主管部门责令改正，处 1 万元以上 5 万元以下罚款；拒不改正或者情节严重的，由发证机关吊销农药生产许可证和相应的农药登记证。

（四）无证经营农药、经营假农药或在农药中添加物质

《农药管理条例》第五十五条规定：农药经营者有下列行为之一的，由县级以上地方人民政府农业主管部门责令停止经营，没收违法所得、违法经营的农药和用于违法经营的工具、设备等，违法经营的农药货值金额不足 1 万元的，并处 5 000 元以上 5 万元以下罚款，货值金额 1 万元以上的，并处货值金额 5 倍以上 10 倍以下罚款；构成犯罪的，依法追究刑事责任。

（1）违反本条例规定，未取得农药经营许可证经营农药。

（2）经营假农药。

（3）在农药中添加物质。

有前款第二项、第三项规定的行为，情节严重的，还应当由发证机关吊销农药经营许可证。

取得农药经营许可证的农药经营者不再符合规定条件继续经营农药的，由县级以上地方人民政府农业主管部门责令限期整改；逾期拒不整改或者整改后仍不符合规定条件的，由发证机关吊销农药经营许可证。

（五）经营劣质农药

《农药管理条例》第五十六条规定：农药经营者经营劣质农药的，由县级以上地方人民政府农业主管部门责令停止经营，没收违法所得、违法经营的农药和用于违法经营的工具、设备等，违法经营的农药货值金额不足 1 万元的，并处 2 000 元以上 2 万元以下罚款，货值金额 1 万元以上的，并处货值金额 2 倍以上 5 倍以下罚款；情节严重的，由发证机关吊销农药经营许可证；构成犯罪的，依法追究刑事责任。

（六）设立分支机构未依法变更或备案、向不合法生产经营企业采购农药，采购无质量合格证或标签等不符合规定的农药、不履行召回义务

《农药管理条例》第五十七条规定：农药经营者有下列行为之一的，由县级以上地方人民政府农业主管部门责令改正，没收违法所得和违法经营的农药，并处 5 000 元以上 5 万元以下罚款；拒不改正或者情节严重的，由发证机关吊销农药经营许可证：

（1）设立分支机构未依法变更农药经营许可证，或者未向分支机构所在地县级以上地方人民政府农业主管部门备案。

（2）向未取得农药生产许可证的农药生产企业或者未取得农药经营许可证的其他农药经营者采购农药。

（3）采购、销售未附具产品质量检验合格证或者包装、标签不符合规定的农药。

（4）不停止销售依法应当召回的农药。

（七）台账不正规、经营场所经营食品等、卫生农药部分柜销售、不回收农药废弃物

《农药管理条例》第五十八条规定：农药经营者有下列行为之一的，由县级以上地方人民政府农业主管部门责令改正；拒不改正或者情节严重的，处 2 000 元以上 2 万元以下罚款，并由发证机关吊销农药经营许可证。

（1）不执行农药采购台账、销售台账制度。

（2）在卫生用农药以外的农药经营场所内经营食品、食用农产品、饲料等。

（3）未将卫生用农药与其他商品分柜销售。

（4）不履行农药废弃物回收义务。

（八）外企在国内销售农药未设立销售机构或代理销售机构

《农药管理条例》第五十九条规定：境外企业直接在中国销售农药的，由县级以上地方人民政府农业主管部门责令停止销售，没收违法所得、违法经营的农药和用于违法经营的工具、设备等，违法经营的农药货值金额不足 5 万元的，并处 5 万元以上 50 万元以下罚款，货值金额 5 万元以上的，并处货值金额 10 倍以上 20 倍以下罚款，由发证机关吊销农药登记证。

取得农药登记证的境外企业向中国出口劣质农药情节严重或者出口假农药的，由国务院农业主管部门吊销相应的农药登记证。

（九）使用者滥用农药、随意乱丢农药废弃物或在河道内清洗施药器械

《农药管理条例》第六十条规定：农药使用者有下列行为之一的，由县级人民政府农业主管部门责令改正，农药使用者为农产品生产企业、食品和食用农产品仓储企业、专业化病虫害防治服务组织和从事农产品生产的农民专业合作社等单位的，处 5 万

元以上 10 万元以下罚款，农药使用者为个人的，处 1 万元以下罚款；构成犯罪的，依法追究刑事责任。

（1）不按照农药的标签标注的使用范围、使用方法和剂量、使用技术要求和注意事项、安全间隔期使用农药。

（2）使用禁用的农药。

（3）将剧毒、高毒农药用于防治卫生害虫，用于蔬菜、瓜果、茶叶、菌类、中草药材生产或者用于水生植物的病虫害防治。

（4）在饮用水水源保护区内使用农药。

（5）使用农药毒鱼、虾、鸟、兽等。

（6）在饮用水水源保护区、河道内丢弃农药、农药包装物或者清洗施药器械。

有前款第二项规定的行为的，县级人民政府农业主管部门还应当没收禁用的农药。

（十）农产品生产企业、仓储企业、病虫害防治组织、合作社不执行农药记录制度

《农药管理条例》第六十一条规定：农产品生产企业、食品和食用农产品仓储企业、专业化病虫害防治服务组织和从事农产品生产的农民专业合作社等不执行农药使用记录制度的，由县级人民政府农业主管部门责令改正；拒不改正或者情节严重的，处 2 000 元以上 2 万元以下罚款。

（十一）伪造、变造、转让、出租、出借农药证件

《农药管理条例》第六十二条规定：伪造、变造、转让、出租、出借农药登记证、农药生产许可证、农药经营许可证等许可证明文件的，由发证机关收缴或者予以吊销，没收违法所得，并处 1 万元以上 5 万元以下罚款；构成犯罪的，依法追究刑事责任。

（十二）　严重违规者将被禁业

《农药管理条例》第六十三条规定：未取得农药生产许可证生产农药，未取得农药经营许可证经营农药，或者被吊销农药登记证、农药生产许可证、农药经营许可证的，其直接负责的主管人员10年内不得从事农药生产、经营活动。

农药生产企业、农药经营者招用前款规定的人员从事农药生产、经营活动的，由发证机关吊销农药生产许可证、农药经营许可证。

被吊销农药登记证的，国务院农业主管部门5年内不再受理其农药登记申请。

（十三）　拒绝接受监督检查

《中华人民共和产品质量法》第五十六条规定：拒绝接受依法进行的产品质量监督检查的，给予警告，责令改正；拒不改正的，责令停业整顿；情节特别严重的，吊销营业执照。

《中华人民共和产品质量法》第六十九条规定：以暴力、威胁方法阻碍市场监督管理部门的工作人员依法执行职务的，依法追究刑事责任；拒绝、阻碍未使用暴力、威胁方法的，由公安机关依照治安管理处罚法的规定处罚。

（十四）　违法广告管理规定

《中华人民共和国广告法》第十六条规定：发布医疗、药品、医疗器械、农药、兽药和保健食品广告以及法律、行政法规规定应当进行审查的其他广告，应当在发布前由有关部门（以下称广告审查机关）对广告内容进行审查；未经审查，不得发布。

2015年12月24日国家工商行政管理总局令发布了《农药广告审查发布标准》，其中，第十三条规定：违反本标准发布广告，《广告法》及其他法律法规有规定的，依照有关法律法规规定予以处罚。法律法规没有规定的，对负有责任的广告主、广告经营者、广告发布者，处以违法所得3倍以下但不超过3万元的罚款；没有违法所得的，处以 1 万元以下的罚款。

由上述规定可看出，农业部门应当负责对农药广告内容进行审查，市场监管部门可对违规发布农药广告者（指负有责任的广告主、广告经营者、广告发布者），实施处罚。

二、民事责任

《中华人民共和国民法通则》第一百二十二条规定：因产品质量不合格造成他人财产、人身损害的，产品制造者、销售者应当依法承担民事责任。

《中华人民共和国产品质量法》第四十三条规定：因产品存在缺陷造成人身、他人财产损害的，受害人可以向产品的生产者要求赔偿，也可以向产品的销售者要求赔偿。属于产品的生产者的责任，产品的销售者赔偿的，产品的销售者有权向产品的生产者追偿。属于产品的销售者的责任，产品的生产者赔偿的，产品的生产者有权向产品的销售者追偿。

《农药管理条例》第六十四条规定，生产、经营的农药造成农药使用者人身、财产损害的，农药使用者可以向农药生产企业要求赔偿，也可以向农药经营者要求赔偿。属于农药生产企业责任的，农药经营者赔偿后有权向农药生产企业追偿；属于农药经营者责任的，农药生产企业赔偿后有权向农药经营者追偿。

《中华人民共和国消费者权益保护法》第四十条规定：消费者在购买、使用商品时，其合法权益受到损害的，可以向销售者要求赔偿。销售者赔偿后，属于生产者的责任或者属于向销售者提供商品的其他销售者的责任的，销售者有权向生产者或者其他销售者追偿。

消费者或者其他受害人因商品缺陷造成人身、财产损害的，可以向销售者要求赔偿，也可以向生产者要求赔偿。属于生产者责任的，销售者赔偿后，有权向生产者追偿；属于销售者责任的，生产者赔偿后，有权向销售者追偿。

因此，按照《农药管理条例》《中华人民共和国产品质量法》和《中华人民共和国民法通则》《中华人民共和国消费者权益保护法》的规定，如果农药经营者销售假劣农药，导致药害或农产品质量安全事件，使农产品种植者造成损失的，经营者应承担相应的民事责任，承担民事责任的主要方式为赔偿损失；如果假劣农药属于农药生产者的责任，经营者赔偿后，有权向农药生产者追偿。

三、刑事责任

（一）非法经营罪

违反《农药管理条例》的情形：未经许可生产、经营农药；农药经营者在农药中添加物质；委托未取得农药生产许可证的受托人加工、分装农药；生产经营国家禁用农药。

按照2013年《最高人民法院、最高人民检察院关于办理危害食品安全刑事案件适用法律若干问题的解释》第十一条第二款、第三款规定，生产、销售国家禁止生产、销售，使用的农药，情节严重的，依照刑法第二百二十五条的规定以非法经营罪定罪处罚；同时，构成生产、销售伪劣产品罪（《中华人民共和国刑法》第一百四十条），生产、销售伪劣农药罪（《中华人民共和国刑法》第一百四十七条）等其他犯罪的，依照处罚较重的规定定罪处罚。

农药实施经营许可制度，对未取得农药经营许可证擅自经营农药的，应按照非法经营罪的规定予以处罚。按照《农药管理条例》规定，禁用的农药，按假农药处理。但根据最高人民法院、最高人民检察院《关于办理危害食品安全刑事案件适用法律若干问题的解释》规定，生产、销售国家禁止生产、销售、使用的农药，情节严重的，构成非法经营罪。

按照最高人民检察院、公安部 2010 年 5 月出台的《关于公安机关管辖的刑事案件立案追诉标准的规定（二）》第七十九条关于非法经营案的规定，违反国家规定，进行非法经营活动，扰乱市场秩序，从事其他非法经营活动，具有下列情形之一的，应予立案追诉。

（1）个人非法经营数额在 5 万元以上，或者违法所得数额在 10 万元以上的。

（2）单位非法经营数额在 50 万元以上，或者违法所得数额在 10 万元以上的。

（3）虽未达到上述数额标准，但 2 年内因同种非法经营行为受过 2 次以上行政处罚，又进行同种非法经营行为的。

（4）其他情节严重的情形。

按照 2013 年 5 月施行的《最高人民法院、最高人民检察院关于办理危害食品安全刑事案件适用法律若干问题的解释》第十七条、第十八条规定，对于危害食品安全犯罪分子一般应当依法判处生产、销售金额 2 倍以上的罚金。对于危害食品安全犯罪分子应严格适用缓刑、免予刑事处罚；对于依法适用缓刑的，应当同时宣告禁止令，禁止其在缓刑考验期限内从事食品生产、销售及相关活动。

（二）生产、销售伪劣农药罪

《刑法》第一百四十七条规定：销售明知是假的或者失去使用效能的农药，或者销售者以不合格的农药冒充合格的农药，使生产遭受较大损失的，处 3 年以下有期徒刑或者拘役，并处或者单处销售金额 50%以上 2 倍以下罚金；使生产遭受重大损失的，处 3 年以上 7 年以下有期徒刑，并处销售金额 50%以上 2 倍以下罚金；使生产遭受特别重大损失的，处 7 年以上有期徒刑或者无期徒刑，并处销售金额 50%以上 2 倍以下罚金或者没收财产。此罪确定的关键是使生产遭受较大损失的，才构成"生产、销售伪

劣农药罪"。

根据《最高人民法院、最高人民检察院关于办理生产、销售伪劣商品刑事案件具体应用法律若干问题的解释》（法释〔2001〕10号）规定：生产、销售伪劣农药罪中"使生产遭受较大损失"一般以2万元为起点；"重大损失"，一般以10万元为起点；"特别重大损失"，一般以50万元为起点。

（三）生产、销售伪劣产品罪

"生产、销售伪劣产品罪"，是指生产者、销售者在产品中掺杂、掺假，以假充真，以次充好或者以不合格产品冒充合格产品，销售金额5万元以上的行为。

《刑法》第一百四十条规定：销售者在产品中掺杂、掺假，以假充真，以次充好或者以不合格产品冒充合格产品，销售金额5万元以上不满20万元的，处2年以下有期徒刑或者拘役，并处或者单处销售金额50%以上2倍以下罚金；销售金额20万元以上不满50万元的，处2年以上7年以下有期徒刑，并处销售金额50%以上2倍以下罚金；销售金额50万元以上不满200万元的，处7年以上有期徒刑，并处销售金额50%以上2倍以下罚金；销售金额200万元以上的，处15年有期徒刑或者无期徒刑，并处销售金额50%以上2倍以下罚金或者没收财产。

1. 构成生产、销售伪劣产品行为的判定

按照《最高人民法院、最高人民检察院关于办理生产、销售伪劣商品刑事案件具体应用法律若干问题的解释》（法释〔2001〕10号）第一条的规定如下。

《中华人民共和国刑法》第一百四十条规定的在产品中"掺杂、掺假"，是指在产品中掺入杂质或者异物，致使产品质量不符合国家法律、法规或者产品明示质量标准规定的质量要求，降低、失去应有使用性能的行为。

《中华人民共和国刑法》第一百四十条规定的"以假充真"，

是指以不具有某种使用性能的产品冒充具有该种使用性能的产品的行力。

《中华人民共和国刑法》第一百四十条规定的"以次充好",是指以低等级、低档次产品冒充高等级、高档次产品，或以残次、废旧零配件组合、拼装后冒充正品或者新产品的行为。

《中华人民共和国刑法》第一百四十条规定的"不合格产品"，是指不符合《中华人民共和国产品质量法》第二十六条第二款规定的质量要求的产品。

对本条规定的上述行为难以确定的，应当委托法律、行政法规规定的产品质量检验机构进行鉴定。

2. 销售金额与货值金额的确认

《最高人民法院、最高人民检察院关于办理生产、销售伪劣商品刑事案件具体应用法律若干问题的解释》（法释〔2001〕10号）第二条规定，《中华人民共和国刑法》第一百四十条规定的"销售金额"，是指生产者、销售者出售伪劣产品后所得和应得的全部违法收入。

货值金额以违法生产、销售的伪劣产品的标价计算；没有标价的，按照同类合格产品的市场中间价格计算。货值金额难以确定的，按照国家计划委员会、最高人民法院、最高人民检察院、公安部1997年4月22日联合发布的《扣押、追缴、没收物品估价管理办法》的规定，委托指定的估价机构确定。

多次实施生产、销售伪劣产品行为，未经处理的，伪劣产品的销售金额或者货值金额累计计算。

3. 立案追诉标准

根据最高人民检察院、公安部2008年出台的《最高人民检察院、公安部关于公安机关管辖的刑事案件立案追诉标准的规定（一）》第十六条关于生产销售伪劣产品案的规定，生产者、销售者在产品中掺杂、掺假，以假充真，以次充真，以次充好或者以不合格产品冒充合格产品，涉嫌下列情形之一的，应予立案追诉。

（1）伪劣产品销售金额 5 万元以上的。

（2）伪劣产品尚未销售，货值金额 15 万元以上的。

（3）伪劣产品销售金额不满 5 万元，但将已销售金额乘以 3 倍后与尚未销售的伪劣产品货值金额合计 15 万元以上的。

应注意：如果没有使生产遭受较大损失，但销售金额在 5 万元以上的，才构成"生产、销售伪劣产品罪"。

（四）销售伪劣产品未遂罪

最高人民法院、最高人民检察院《关于办理生产、销售伪劣商品刑事案件具体应用法律若干问题的解释》（法释〔2001〕10号）第二条第二款规定，伪劣产品尚未销售，货值金额达到《中华人民共和国刑法》第一百四十条规定的销售金额 3 倍（即 15 万元）以上的，以生产、销售伪劣产品罪（未遂）定罪处罚。伪劣产品已销售，销售金额不满 5 万元，但将已销售金额乘以 3 倍后，与未销售的伪劣产品货值金额合计 15 万元上的，按销售伪劣产罪（未遂）定罪处罚。

（五）伪造、变造、买卖国家机关公文、证件、印章罪

违反《农药管理条例》的情形：伪造、变造、转让、出租、出借农药登记证、农药生产许可证、农药经营许可证的。

《中华人民共和国刑法》第二百八十条规定：伪造、变造、买卖或者盗窃、抢夺、毁灭国家机关的公文、证件、印章的，处 3 年以下有期徒刑、拘役、管制或者剥夺政治权利，并处罚金；情节严重的，处 3 年以上 10 年以下有期徒刑，并处罚金。

（六）非法制造、买卖、运输、储存危险物质罪

违反《农药管理条例》的情形：生产、经营国家禁用农药——毒鼠强。

《中华人民共和国刑法》第一百二十五条规定：非法制造、

买卖、运输、邮寄、储存枪支、弹药、爆炸物的，处3年以上10年以下有期徒刑；情节严重的，处10年以上有期徒刑、无期徒刑或者死刑。非法制造、买卖、运输、储存毒害性、放射性、传染病病原体等物质，危害公共安全的，依照前款的规定处罚。

按照2003年《最高人民法院最高人民检察院关于办理非法制造、买卖、运输、储存毒鼠强等禁用剧毒化学品刑事案件具体应用法律若干问题的解释》第一条、第二条和第三条规定，非法制造、买卖、运输、储存毒鼠强等禁用剧毒化学品原粉、原液、制剂50克以上，或者饵料2千克以上的，或在非法制造、买卖、运输、储存过程中致人重伤、死亡或者造成公私财产损失10万元以上的，依照《中华人民共和国刑法》第一百二十五条的规定，以非法制造、买卖、运输、储存危险物质罪，处3年以上10年以下有期徒刑。

非法制造、买卖、运输、储存原粉、原液、制剂500克以上，或者饵料20千克以上的，或在非法制造、买卖、运输、储存过程中致3人以上重伤、死亡，或者造成公私财产损失20万元以上的，属于《中华人民共和国刑法》第一百二十五条规定的"情节严重"，处10年以上有期徒刑、无期徒刑或者死刑。

单位非法制造、买卖、运输、储存毒鼠强等禁用剧毒化学品的，依照本解释第一条、第二条规定的定罪量刑标准执行。本解释所称"毒鼠强等禁用剧毒化学品"，是指国家明令禁止的毒鼠强、氟乙酰胺、氟乙酸钠、毒鼠硅、甘氟。

（七）生产、销售不符合安全标准的食品罪

《司法解释》第八条第二款规定，在食用农产品种植、养殖、销售、运输、贮存等过程中，违反食品安全标准，超限量或者超范围滥用农药等，足以造成严重食物中毒事故或者其他严重食源性疾病的，依照刑法第一百四十三条的规定："以生产、销售不符合安全标准的食品罪定罪处罚"。

按照《司法解释》第一条第一款的规定，农药残留严重超出标准限量的食用农产品，应当认定为刑法第一百四十三条规定的"足以造成严重食物中毒事故或者其他严重食源性疾病"的情形。

　　也就是说，如果A农户在苹果种植过程中，未按照农药登记核准的剂量使用农药，或者将登记于黄瓜的农药滥用于苹果树，农药残留严重超标的，依照刑法第一百四十三条"生产、销售不符合安全标准的食品罪"的规定定罪处罚。

　　刑法第一百四十三条规定："生产、销售不符合食品安全标准的食品，足以造成严重食物中毒事故或者其他严重食源性疾病的，处3年以下有期徒刑或者拘役，并处罚金；对人体健康造成严重危害或者有其他严重情节的，处3年以上7年以下有期徒刑，并处罚金；后果特别严重的，处7年以上有期徒刑或者无期徒刑，并处罚金或者没收财产"。

　　依照《司法解释》第二条、第三条、第四条的规定，如果A农户种植的苹果，造成10人以上严重食物中毒的，属于刑法第一百四十三条规定的"对人体健康造成严重危害"；如果A农户销售金额10万以上，则应当认定为刑法第一百四十三条规定的"其他严重情节"；如果造成30人以上严重食物中毒，则认定为刑法第一百四十三条规定的"后果特别严重"。

　　（八）生产、销售有毒、有害食品罪

　　《司法解释》第九条第二款规定，在食用农产品种植、养殖、销售、运输、贮存等过程中，使用禁用农药等禁用物质或者其他有毒、有害物质的，依照刑法第一百四十四条的规定以生产、销售有毒、有害食品罪定罪处罚。

　　也就是说，如果A农户在苹果种植、贮存过程中，使用了禁用农药，按照刑法第一百四十四条"生产、销售有毒、有害食品罪"的规定定罪处罚。

刑法第一百四十四条规定："在生产、销售的食品中掺入有毒、有害的非食品原料的，或者销售明知掺有有毒、有害的非食品原料的食品的，处5年以下有期徒刑，并处罚金；对人体健康造成严重危害或者有其他严重情节的，处5年以上10年以下有期徒刑，并处罚金；致人死亡或者有其他特别严重情节的，依照本法第一百四十一条的规定处罚。"

依照《司法解释》第五条、第六条、第七条的规定，如果A农户种植的苹果，造成10人以上严重食物中毒的，属于刑法第一百四十四条规定的"对人体健康造成严重危害"；如果A农户销售金额10万元以上不满50万元，或者使用的禁用农药毒害性强、含量高的，应认定为刑法第一百四十四条规定的"其他严重情节"；如果A农户销售金额50万元以上，或者造成30人以上严重食物中毒的，应当认定为刑法第一百四十四条规定的"致人死亡或者有其他特别严重情节"。

第六章　农作物药害

近年来，随着土地流转的加快，专业合作社、现代农业园区、家庭农场、休闲农业等新型农业经营主体迅速在石家庄崛起。伴随而来的是农业病虫草害防治的逐渐专业化，新型植保服务组织越来越多。由于植保服务组织水平参差不齐，随之而来的是药害发生次数明显增多、且受害面积呈加大趋势。另外，近年来石家庄市特色经济作物种植逐年增多，但小宗作物缺乏登记农药，农民不得不自己摸索用药，这也导致药害事故频发。笔者依据石家庄近几年数十起农药药害案例及鉴定处理结果，对药害产生的原因及预防办法进行了初步探讨分析。

第一节　农作物药害及发生特点

一、什么是农作物药害

农作物药害是指因施用农药对农作物造成的恶性伤害。产生药害的原因很多，例如，使用方法不当、药剂浓度过大、用量过多、或作物对该种农药过敏等。农作物产生药害后，表现为落叶、落花、落果、叶色变黄、叶片凋零、灼伤、畸形、徒长及植株死亡等，有时还会降低农产品的产量或品质。

二、农作物药害的分类及发生特点

农药药害分为急性药害和慢性药害。施药后几小时到几天内即出现症状的，称急性药害；施药后不是很快出现明显症状，仅是表现生长发育迟缓，延迟结实，果实变小或不结实，籽粒不饱满，产量降低或品质变差，则称慢性药害。

三、药害常见的症状

（一）斑点

斑点主要表现在叶上和果实上，有黄斑、褐斑、枯斑等。如10%禾草克在高温条件下对大豆有触杀性药害，症状为叶片有灼烧斑点；代森锰锌在葡萄幼果期使用易出现果面斑点；唑草酮为选择性苗后茎叶处理剂，广泛适用于小麦、玉米等禾本科作物田防除阔叶杂草，但如果施药不当，施药后麦苗叶片上会产生黄色的灼伤斑，用药量大、用药浓度高，则灼伤斑大，药害明显。

（二）叶片褪绿黄化

农药阻碍了叶绿素的合成，或阻断叶片的光合作用，或对叶绿素进行了破坏使叶片表现为黄花、褪绿等。例如，施过有机磷杀虫剂的玉米田在7日内再喷施含有烟嘧磺隆的除草剂，叶片上可出现不规则的褪绿斑。

（三）畸形

可发生在植物的各个器官。常见的有叶片畸形、卷缩，畸形果，畸形穗，根部肿大等。例如烟嘧磺隆引起玉米叶片似缺水干旱，卷缩呈筒状，叶缘皱缩，影响心叶抽出；因2,4-D飘移引起棉花的鸡爪叶；2,4-D在番茄上使用不当引起的空洞果，畸形果；小麦拔节后施用除草剂容易导致畸形穗等。

（四）枯萎

一般表现为全株。如灭生性除草剂草甘膦的误用可导致作物全株干枯、死亡；多效唑在黄瓜上误用后，导致全株枯萎；2,4-D丁酯在小麦上使用时，如飘移阔叶类蔬菜上容易导致卷叶、叶片干枯，最终整株枯萎。

（五）生长受挫

大多数为生长抑制剂，除草剂使用不当引起的药害。如缩节胺用量过大，引起的作物生长停滞。另外，三唑类杀菌剂，如三唑酮，戊唑醇，丙环唑等，超量使用，会抑制作物生长，引起的叶片皱缩，浓绿，变厚似病毒病状，尤其对叶菜类、瓜类非常敏感。

（六）不孕不育

花期药剂使用不当影响传粉受精，导致不孕不育。如小麦花期授粉时间段用药，特别是用了三唑类农药，容易引起小麦空码即一包水现象发生，严重的小麦贪青晚熟，颗粒无收。

（七）脱落

落花、落果、落叶。多发生在果树上。如用于催熟的乙烯利使用不当，可引起落果落叶；三环唑在梨树上使用，可引起严重落叶。

第二节　农作物药害发生原因

一、农药本身原因

农药本身原因是指由于农药本身出现质量问题，而导致农作物在使用后出现药害。这种情况约占药害案例的50%。具体分以下2种情况。

（一）假、劣农药导致药害

假、劣农药导致药害在药害案例中占的比例最大。这是因为假劣农药中常常含有导致药害的杂质，如在杀虫、杀菌剂中含有除草剂成分或植物生长调节剂成分。例如，2011年在石家庄市某地梨农使用劣质农药——"乙铝·多菌灵"后，落叶、落果，果农损失达230万元。又如，2016年石家庄某地农民在使用的

"苦参碱"中，检测出了植物生长调节剂"多效唑"，该药被判定为假农药，使用后造成了黄瓜、番茄、茄子等几十亩地的大棚蔬菜绝收，损失达30余万元。

（二）标签标注不规范，随意扩大防治范围，误导使用产生药害

某些不法农药生产企业，擅自修改标签内容，随意扩大防治范围。农民在非登记作物上使用后，造成农作物药害。

二、人为原因

人为原因主要是指农药使用人员由于科学用药水平不高，在具体施用农药时进行错误操作，或者受农药经营人员误导，使用后出现药害。这类因人为原因导致的药害，约占药害案例的30%。具体如下：

（一）超范围用药

超范围使用农药一般是因为经营人员误导，也有的是因为施药人员责任心不强，麻痹大意造成的，但都可能造成药害。例如，"氯磺隆"在水稻上使用没问题，但用于小麦除草则极易出现药害。又如，2018年我市某农户将"三环唑"（登记作物水稻）用在了梨树上，导致梨树落叶、产量受损。

（二）超量用药

任何一种农药针对不同的作物或防治对象用药量是不一样的，擅自加大农药用量极易产生药害。例如，"唑草酮"用于小麦除草时，亩用有效成分超过1.5克时，如喷洒不匀，则极易对小麦叶片产生灼烧斑。

（三）施药时间不对

例如，"二甲戊灵"除草剂，要求在播后苗前使用。2014年石家庄市某区菜农在芥菜上喷施，由于种植面积大，再喷施过程中部分芥菜已经发芽出土，导致药害产生，出现严重缺苗断垄。

这是一起由于农民施药时间不对而导致药害产生的典型案例。

（四）作物敏感期用药或误用敏感作物上

作物的不同生长阶段对药剂的敏感程度不一样，施药时要注意避开敏感期。例如，一般农作物的敏感期是幼芽期和抽穗扬花期，这时候使用除草剂容易产生药害。如 2,4-D 滴丁酯在小麦 3 叶前和小麦拔节后到开花期使用，容易产生药害。表现为叶和麦穗扭曲，出现畸形穗或不抽穗。

另外，要避免将药液误喷到敏感作物上。例如，将"噻嗪酮"喷到白菜、萝卜等作物叶片上时会出现褐斑和白化等药害症状；另外，"敌敌畏"对高粱、月季、瓜类有明显的药害，不建议使用。

（五）施药方法错误

农药施用方式有喷雾、灌根、拌种、底施等。施药一定要严格按照标签标注的方法使用，擅自改变使用方法，易产生药害。

例如，"百草枯"一般用于荒地茎叶喷雾除草，如在玉米生长期间定向喷雾不注意，药液溅到叶片上，则会产生"枯叶、斑点状"药害。

另外，大多数土壤处理剂用于茎叶喷雾时容易产生药害。

（六）农药混配不当

不同的农药酸碱度不一样，有的混用后会失效，有的则产生药害。例如，"嘧菌酯""醚菌酯""吡唑醚菌酯"等农药由于其渗透力强，一般不需要另外加助剂，也不能和乳油类农药混用。否则，会造成叶干枯、甚至落叶。2018 年石家庄市某县果农在梨树上使用"嘧菌酯"并和乳油类农药混用，导致梨树大面积落叶，产量损失极大。

另外，像"烟嘧磺隆"不能和有机磷农药混用。否则会造成玉米黄叶、心叶扭曲、抽不出、玉米矮缩不长。这种因混用不当造成的玉米药害在石家庄每年都有发生。

三、环境原因

施药时的环境因素是造成药害的另一主要原因。例如施药时的温湿度、土壤酸碱度、土壤类型不适宜、农药残留等，均会导致药害出现。这类情况约占药害案例 20%。

（一）温度过高或过低

2018 年石家庄多县、市小麦出现黄叶、死苗等药害症状，经检测所用农药"甲基二磺隆"质量没问题。分析原因主要是去年冬季施药期间气温较低（低于 10℃），加之部分苗情较弱，抵抗力差，因此，产生不同程度的药害。另外，施药时温度过高也会产生药害。例如，"烟嘧磺隆""唑草酮"等除草剂，在气温超过 35℃时施药就会对作物产生药害。

（二）湿度大

"碱式硫酸铜""氢氧化铜""波尔多液"在潮湿多雨的环境下使用容易产生药害。又如，"氟唑磺隆"对禾本科杂草"雀麦"有极好防效，并能很好防除"野燕麦"，但如用药后遇雨、叠加低温，就会使小麦产生药害。

（三）沙地、土壤瘠薄地有机质含量低

这类地块在使用除草剂时，由于土壤对除草剂的吸附能力差，药剂容易淋溶到作物根部，致使局部浓度过大，抑制根系生长，影响作物正常生长发育。例如，2018 年石家庄市某县在大棚甜瓜地使用"二甲戊灵"，发现同等用药量，沙质土壤药害重，而一般土壤地块药害轻。

（四）飘移导致药害

飘移导致药害也称被动性药害，主要是其他施药者喷药时，由于刮风等原因导致药液飘移到相邻敏感作物上所致。例如，2011 年石家庄市某地在小麦田使用 2,4-D 丁酯，因为当天有风，产生药液飘逸，导致旁边相邻的梨园发生药害，影响产量。

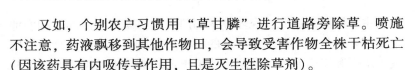

又如，个别农户习惯用"草甘膦"进行道路旁除草。喷施不注意，药液飘移到其他作物田，会导致受害作物全株干枯死亡（因该药具有内吸传导作用，且是灭生性除草剂）。

另外，7月石家庄市地里种植的阔叶蔬菜都会不出现不同程度的卷叶、叶片皱缩等药害现象。这是因为7月是石家庄市夏玉米大量喷施除草剂的时间，这期间大量使用"莠去津"和"烟嘧磺隆"等除草剂，它们的飘移造成的相邻阔叶蔬菜产生药害。

（五）土壤农药残留导致药害

例如，"24%烟嘧·莠去津"是石家庄市玉米苗后除草常用除草剂，一般亩用量为100毫升，但个别用户用到400~500毫升。土壤中残留的"莠去津"和"烟嘧磺隆"，会使下茬小麦出现分蘖少、植株矮化等药害症状。

又如，使用"莠去津"的玉米田，后茬一般不提倡种植菠菜、甘蓝，这2种蔬菜对该药敏感，土壤中残留的药物会对它们造成药害。

第三节　农作物药害事故的预防

农药药害事故的预防是个综合工程，需要农药监管部门、农业技术指导部门、农药经营者和农药使用者共同努力才能达到提前预防的目的。即需要公共服务部门（如政府农业、林业、粮食仓储、卫生防疫等部门）加大培训宣传力度，也需要农药生产者、经营者认真学习法律，按法律规定生产经营农药，更需要农药使用者提高自身科学用药水平，从而避免和预防药害事故的发生。

一、农业部门开展安全科学用药培训

农药使用者技术水平低和安全用药意识不强，是导致药害产生的主要原因。因此，农业技术部门、农药监管部门和大型农业企业都要加强对农药使用人员的科学用药培训，不断提高他们的技术水平和安全意识才是防治药害出现的最根本的解决办法。从2018年开始，石家庄市财政已有专项培训经费，市农药监督管理站已经开始对大型药械机手、园区技术员、植保飞防组织等陆续开展培训。

二、农药生产者和经营者合理指导用药

农药生产企业和经营者都应该在新农药推广前，在拟推广区域先做好试验、示范工作，在确定效果和安全性后在大面积推广。另外，要严格按照标签规定指导用药，否则，一旦超范围推荐用药，导致产生药害，推荐者将全部承担因药害产生的损失。因此，推广新药一定要慎之又慎，做到试验、示范、推广"三步走"。

三、农药使用者要严格按照标签规定用药

农药使用者在使用农药前一定要认真阅读农药标签。农药标签时农药使用的说明书，尤其要重点阅读安全使用注意事项，并严格按照标签要求的使用方法、使用剂量、安全间隔期、适用对象用药，这样一般不会产生药害。

为了避免购买到家农药，农药使用者应到当地信誉好、正规的农药经营店购买农药。购买前要认真查看标签是否正规，重点查看是否有故意夸大宣传的用语（如特效、病虫全杀、保险公司质量承包、同类产品效果最好、增产等等字样），因为正规标签，是不会出现这类夸大、误导使用者用语的。按照2017年新修订的《农药条例》以及农业部颁布的《农药标签管理办法》的规定，对擅自修改标签内容处罚力度非常大。因此，正规农药生产企业在标签标注上一般不会擅自扩大防治范围或防治对象，或使

用宽大效果等用语的。

但需要使用者引起注意的是，目前我国好多小宗作物农药登记产品很少，或缺少登记用药。甚至部分小宗作物，无药可用。鉴于这种客观现状，为解决农民的实际用药困难，建议农药使用者在选择农药时，首先要向农药经营者咨询该药的效果和安全性，其次要把农药经营者推荐的农药（尤其是没有登记的农药），先亲自做好小面积试验，如效果不错，安全性没问题，再大面积使用，防止草率用药产生药害，给农业生产造成损失。

四、掌握一定用药常识，避免常识性错误导致农作物药害

（一）多种农药混用要二次稀释

使用者为了节省时间和用功，往往将叶面肥、杀菌剂、杀虫剂等混在一起使用。因为其溶解度不同，加入顺序如不对，容易产生药害。因此，在混用前要首先阅读标签看看能否混用，如能混用，则应按照以下顺序先后加入小容器：微肥-水溶肥-可湿性粉剂-水分散粒剂-悬浮剂-微乳剂-水剂-乳油依次加入，每加入一种既充分搅拌混匀，然后再加下一种。充分搅匀后，再倒入已加了一般水的喷雾器中，再加满水。

（二）大风、高温天气不用药

这主要是因为大风天气喷药，农药容易飘移，致使相邻敏感作物产生药害，另外，也造成浪费；高温天气，由于作物叶片上的气孔关闭，作物吸收不好，导致效果差，另外，高温使药液蒸发快，容易使局部农药浓度增加，从而对作物产生药害。因此，一定要注意，在大风、高温天气不用药。

（三）适用作物、使用时期一定要看好

农药标签上的使用范围没有推荐的作物，一定不能在该作物上使用该农药。在药害案例上，因使用对象错误、或使用时期部队导致的药害非常常见。例如，将玉米除草剂喷在小麦上，导致

小麦枯死；将植物生长调节剂"多效唑"喷在黄瓜、甜瓜等作物上，导致作物不长；在玉米生长期将百草枯喷在叶片上，导致玉米叶片干枯等。

（四）对环境要求比较敏感的农药使用，一定要关注天气预报

例如，小麦除草剂"甲基二磺隆"防治节节麦时，如环境温度低于10℃，或喷施后第二天突然降温，或下雨极易造成小麦叶片干枯、死苗。因此，如天气预报近两天可能急剧降温，一般不要喷施"甲基二磺隆"。

第七章 病虫草害基础知识

第一节 病害的发生与防治

一、植物病害的概念

植物由于受到病原生物或不良环境重要条件的持续干扰，其干扰强度超过了能够忍耐的程度，使植物正常的生理功能受到严重影响，在生理上和外观上表现异常，这种偏离了正常状态的植物就是发生病害。

植物病害对植物生理功能的影响表现在下列7个方面：①水分和矿物质的吸收与积累；②水分的输导；③光合作用；④养分的转移与运输；⑤生长与发育速度；⑥产物的积累与贮存（产量）；⑦产物的消化、水解与再利用（品质）。

二、植物病害的类型

植物的种类很多，病因也各不相同，造成的病害也形式多样，每一种植物可以发生多种病害，一种病原生物又能侵染几十种至几百种植物，同一种植物又可因品种的抗病性不同，出现的症状有多种，因此，植物病害的种类可以有多种分类方法。

1. 按照植物或作物类型划分

可分为果树病害、蔬菜病害、大田作物病害、牧草病害和森林病害等。

2. 按照寄主受害部分划分

可分为根部病害、叶部病害和果实病害等。

3. 按照病害症状表现划分

可分为腐烂型病害、斑点或坏死型病害、花叶或变色型病害等。

4. 按病原生物类型划分

可分为真菌病害、细菌病害、病毒病害等。

5. 按传播方式和介体划分

可分为种传病害、土传病害、气传病害和介体传播病害等。

6. 按照病因类型来区分

它的优点是既可知道发病的原因，又可知道病害发生特点和防治的对策等。根据这一原则，植物病害分为两大类。

（1）侵染性病害。由病源物侵染造成的，因为病原生物能够在植株间传染，因而又称传染性病害；病原物主要有：真菌、细菌、病毒、线虫、寄生性种子植物等5类。

（2）非侵染性病害。作物生病并没有病原生物参与，只是由于植物自身的原因或由于外界环境条件的恶化所引起的病害，这类病害在植株间不会传染，因此，称为非侵染性病害或非传染性病害。引起这类病害的主要原因如下。

①植物自身遗传因子或先天性缺陷引起的遗传性病害或生理病害。

②物理因素恶化所致病害。包括大气温度的过高或过低引起的灼伤与冻害；大气物理现象造成的伤害，如风、雨、雷电、雹害等；大气与土壤水分和温度的过多与过少，如旱、涝、渍害等。

③化学因素恶化所致病害。如肥料元素供应的过多或不足，如缺素症；大气与土壤中有毒物质的污染与毒害；农药及化学制品使用不当造成的药害；农事操作或栽培措施不当所致病害，如

密度过大、播种过早或过迟、杂草过多等造成苗瘦发黄和矮化以及不实等各种病态。

三、侵染性病害的非侵染性病害的区别

(一) 病害田间诊断

结合环境条件的特点，可作出确诊或作出初步诊断。一般来说，发现田间有发病中心，并且病害在植株间能够传染、扩散，这样的病还可以初步断定为侵染性病害，但同时应采集标本，在化验室进一步检查病原物后作出最终确诊。而非侵染性病害通常只是个别植株发病，不在作物植株间传染，对所采集的标本在化验室中叶分离不出病原物。

(二) 生理性病害和侵染性病害的区别要点

1. 观察发病范围

作为生理性病害，通常为害的程度往往大面积同时发生，比较均衡一致，发病范围与病原殃及范围密切相关；而侵染性病害由于其生物源生存繁殖具有时间性，往往开始时总是有发病中心，即便是较大面积上发病，也不会在开始即为全部。

2. 调查病情

变化生理性病害的病原为环境因素，显然不具传染性，故一旦病因解除，病势基本保持稳定的势态，不会随时间的推移而扩展；而侵染性病害则由于病原物的传染性，病情变化一般会趋于发展的势头，由点到面，由发病中心到大面积成片，如果不采取特效措施，不可能陡然解除

3. 培养病害组织，观察病症发生特点

生理性病害作为环境影响所致的危害，植株上不会出现任何病症。据此，将病害组织进行简单培养，检查病斑是否逐渐扩展，是否出现病原物的特征性结构—霉层、菌等，如出现，则可初步判断为侵染性病害；反之，如不出现上述特征则为生理性

病害。

4. 分离病原判断

对于表面无病症表现的病组织，如果现难以确定是生理性病害还是侵染性病害，则可通过组织分离培养，发现病原物的出现，可判断是侵染性病害；反之，则是生理性病害。

四、病害的症状辨别及防治

症状是植物受病原生物或不良环境因素的侵扰后，内部的生理活动和外观的生长发育所显示的某种异常状态。症状分为病状和病症两个方面，寄主植物受害后自身表现的反常状态称为病状，常见的病害病状有很多，但归纳起来只有 5 种，即变色、坏死、萎蔫、腐烂和畸形。除了以上这些症状之外，通常还出现其特定的病症，也即病原物在病部组织上的特殊表现。主要有 4 种类型：霉状物、粉状物、粒状物、脓状物。如小麦黑穗病、玉米黑粉病都是在穗上出现粉粒，即病原菌的孢子，小麦白粉病在小麦叶片上出现白色的霉层状，小麦锈病则在小麦叶片上出现红锈色的突起，也就是病菌的孢子堆，茄子绵疫病则是在茄果表面出现棉絮状的丝状物（并伴随着茄果软腐）。这是病原菌的菌丝体，是判断真菌性病害的主要依据。不同病原物引起植物病害的症状不同。

（一）真菌性病害

真菌性病害是目前已知病害中种类最多的病害，约占病害种类的 80%~90%，真菌性病害的症状特点是在受害部位出现真菌的繁殖器官，真菌在植物上形成的特征成为病症，是诊断病害是否属于真菌病害的主要依据。病害发生后期出现坏死（各类斑病）、腐烂（如茄子绵疫病、大白菜软腐病、蔬菜灰霉病等）、萎蔫（如各类枯萎病）。常见真菌性病害如下。

1. 霜霉病类

霜霉病类主要为害各类蔬菜。整个生育期均可发病，主要为害叶片，也会对植株的茎蔓、卷须和花梗造成一定的为害。

（1）症状。此病苗期和成株期均可发病，主要为害叶片，偶尔也可为害茎、卷须和花梗。子叶被害初期，呈褪绿色黄斑，扩大后变黄褐色。成株期发病叶片上出现浅绿色水浸状斑点，扩大后受叶脉限制，病斑呈多角形病斑，黄绿色，后为淡褐色，发生严重时病斑连成片，全叶卷缩干枯，潮湿条件下病斑背面长出灰黑色霉层，但叶片一般不脱落。

另有几种蔬菜霜霉病的症状却不典型，不容易鉴别。

①菠菜霜霉病初为绿色小点，边缘不明显，逐渐扩大为不规则形，大小不一，有的呈线状，叶背面出现灰白色霉层，逐渐变为紫灰色，区别于灰霉病。

②生菜、茼蒿霜霉病在生菜上表现为淡黄色近圆形或多角形病斑，湿度大时，叶片背面的病斑上会长出白色霉层；霜霉病在茼蒿叶片上的表现为圆形或多角形褐色褪绿斑，叶片逐渐枯黄，同时，叶背病斑也会产生白色霉层。

③苦瓜霜霉病虽然苦瓜属于葫芦科，但是发生霜霉病时的症状不同于黄瓜的角斑，主要危害叶片，初为淡黄色圆形或者椭圆形病斑，逐渐扩大后，叶片背面出现灰白色霉层。一般为圆形或者椭圆形。

④西葫芦霜霉病西葫芦霜霉病病斑小，一般呈现褐色多角形。一般先从叶背面开始发生，初为水渍状小点，逐渐为多角形褐色病斑，病斑融合后造成叶片枯黄。湿度大时叶片背面为紫黑色霉层。

总而言之，霜霉病都能产生灰白色或者黑褐色霉层，在昼夜温差大、连续降水和湿度过大的土壤环境中最容易发生，霜霉病会反复传染植株。

（2）防治药剂。吡唑醚菌酯、嘧菌酯、甲霜·锰锌、福美双、百菌清。

2. 疫病类

高等真菌、低等真菌均可引起疫病的发生

（1）高等真菌性疫病。最主要最常见的一类为茄科植物（例如，番茄、辣椒、马铃薯、茄子）的早疫病，属半知菌亚门真菌链格孢属。例如，茄子早疫病、番茄早疫病、辣椒早疫病、芹菜早疫病、马铃薯早疫病等

①症状：苗期、成为株期均可发病，苗期发病，幼苗的茎基部生暗褐色病斑，稍陷，有轮纹。成株期发病一般从下部叶片向上部发展。初期叶片呈水渍状暗绿色病斑，扩大后呈圆形或不规则轮纹斑，边缘具有浅绿色或黄色晕环。中部具同心轮纹，潮湿时病部长出黑色霉层。花染病后呈椭圆形凹陷黑斑。果实的病斑呈椭圆形有同心轮纹的黑色硬斑，后期果实开裂。主要症状是病部有（同心）轮纹，在有些作物上又称轮纹病。

②发病规律：病菌主要以菌丝体和分生孢子在病残体和种子上越冬，通过气流、灌溉水以及农事操作从气孔、伤口或表皮直接侵入传播，病菌生长适温 26~28℃，高温高湿发病重。

③防治方法：异菌脲、腐霉利（瓜类不建议使用）、苯醚甲环唑和氟硅唑等三唑类、春雷王铜等。

（2）低等真菌疫病。由鞭毛菌亚门，疫霉属真菌侵染所致。为害的作物有茄科、百合科中的葱、蒜、韭，葫芦科中的西瓜、黄瓜、苦瓜、冬瓜，其他如芋头、香蕉也会遭到浸染（有观点认为，香蕉黑疫病为真细菌复合浸染为害）。大多作物上称疫病，如辣椒疫病、西瓜疫病、黄瓜疫病、南瓜疫病、冬瓜疫病、苦瓜疫病、西葫芦疫病、瓠瓜疫病、蛇瓜疫病、豇豆疫病韭菜疫病、大蒜疫病、葱疫病。茄科作物上称晚疫病，如番茄晚疫病、马铃薯晚疫病；其他还有称绵疫病如西瓜绵疫病、南瓜绵疫病、冬瓜

绵疫病、韭菜绵疫病、茄子绵疫病。

①症状：疫病主要为害叶片、果实和茎，不同作物最初浸染部位略有不同，如辣椒疫病，幼苗期发病，多从茎基部开始染病，病部出现水渍状软腐，病斑暗绿色，病部以上倒伏（辣椒死棵的50%以上都由其引起）。常见"绵疫""晚疫"症状如下。

绵疫病 俗称"烂果""掉蛋""水烂"，幼苗和成株均可受害，主要为害果实。果实染病，多以下部老熟果开始，先是病部呈水渍状小圆斑，后逐渐扩大稍凹陷，呈黄褐色或暗褐色大斑，最后蔓延到全果。果实收缩、变软，潮湿时密生白色棉毛状菌丝（霉层），果肉变黑腐烂。果实内部变黑腐烂、易脱落，病果落地后，由于潮湿可使全果腐烂病遍生白霉，最后干缩成僵果，病叶有明显轮纹。

晚疫病 该病从老叶的叶尖叶缘开始侵染，低温、潮湿是该病发生的主要条件，温度在18~22℃，相对湿度在95%~100%时易流行。20~23℃时菌丝生长最快，借气流、雨水传播，偏施氮肥，底肥不足，连阴雨，光照不足，通风不良，浇水过多，密度过大利于发病。该病是一种多次重复侵染的流行性病害。

②防治药剂：发病初期可选用霜脲·锰锌、噁霜·锰锌、烯酰吗啉、甲霜灵、霜脲氰等（仅供参考，具体要根据作物来定）。

3. 灰霉病类

随着蔬菜种植的发展，特别是保护地蔬菜、园艺作物产量的不断扩大，灰霉病也快速发展起来，已成为番茄、韭菜、草莓、菜豆等作物危害最大、常年发生的顽固性病害。由于灰霉病菌侵染性强，流行速度快，短短几天内就可以造成严重为害。成为保护地蔬菜生产的一个严重障碍。

（1）症状。灰霉病类的发病症状的共同特征是：受害部位呈水浸腐烂，并密生灰色霉状物，蔬菜幼苗受害时，幼苗或幼苗或幼苗基部呈水浸状腐烂，很快子叶腐烂，上面长满灰色霉层，造成死苗，蔬菜结果期发病，病菌一般先从残花侵入，逐渐向果实或果柄扩展，致使果皮呈灰白色水浸状，并生有厚厚的灰色霉层，变软腐烂。

（2）发病规律。灰霉病是高湿型病害。相对湿度达80%以上时有利于该病的发生；相对湿度达60%~70%时，不利于病害的发生。该病发生的温度范围为7~30℃，连续阴雨，有利于灰霉病的发生。阴雨天气多，光照不足，气温偏低，保护地通风不良，或连作多年的老温室，种植密度大，管理差，有机肥偏少，氮肥偏多，氮、磷、钾比例失调等都有利于灰霉病的发生。

（3）防治方法。发病初期用嘧霉胺、腐霉利、异菌脲、福美双、啶酰菌胺、多抗霉素、嘧菌环胺、枯草芽孢杆菌等防治，尤其是阴雨天等不良天气来临前，提前用药预防，注意轮换用药。

4. 枯萎病类

（1）症状。幼株感病后生长不良，病苗叶子变浅，并无明显症状，严重时叶柄在靠近叶鞘处下折，垂死干枯，随后茎部枯萎致死。最后病根变褐腐烂，茎基部纵裂，剖茎可见维管束变褐。成株老叶黄化，并伴随外部叶鞘维管束失绿。黄化从叶缘开始，然后逐渐向中脉方向扩展，有的叶片整张黄化。开始白天萎蔫，早晚恢复，数日后全株萎蔫枯死。病蔓基部常有褐色条斑或发生表皮纵裂，并伴有树脂状胶质溢出，茎部维管束变褐色。潮湿时，茎部呈水浸状腐烂，表面出现白色至粉红色霉状物。最后病根变褐腐烂，茎基部纵裂，剖茎可见维管束变褐。

（2）发病规律。病菌主要以菌丝、厚垣孢子或菌核在未腐熟的有机肥或土壤中越冬，在土壤中可存活6~10年，病菌可通过种子、肥料、土壤、浇水进行传播，以堆肥、沤肥传播为主要途径。此病发生与温、湿度关系密切，病菌生长温度为5~35℃，土温 24~30℃为病菌萌发和生长适宜温度。该病为土传病害，发病程度取决于土壤中可侵染菌量。一般连茬种植，地下害虫多，管理粗放，或土壤黏重、潮湿等病害发生严重。

（3）防治措施。可以采取灌根提前预防或叶面喷施。常用药：枯草芽孢杆菌、噁霉灵、氨基寡糖素、混合氨基酸铜、嘧菌酯、咪酰胺、春雷霉素等

5. 白粉病类

白粉病是在许多重要农作物上发生普遍、为害严重，较难防治的一种世界性病害。子囊菌亚门白粉病目的真菌均能引发白粉病，病原物种类很多。该类病菌在温度到 10~30℃时分生孢子均可萌发，对湿度要求不高，正常情况下 10 天即可完成一次侵染循环；因此，造成了作物一个生长季节能反复多次受到侵染，一旦发生很快爆发流行的特点，尤其是大棚温室种植环境下，给农业生产造成了巨大的损失。

不同植物上的白粉病病菌属是不同的，大多数白粉病病菌只能侵染一种寄主植物，只有少数白粉病病菌能够侵染多种寄主植物。但不论是哪一个属，引起的病害在基本症状表现上很相似。

（1）症状。白粉病，自幼苗到抽穗均可发病。主要为害叶片，也为害茎和穗子。病部最初出现 1~2mm 大小的白色霉点，后逐渐扩大为近圆形至椭圆形白色霉斑，霉层的厚度可达 2mm 左右，而后颜色逐渐变为浅棕色，可通过自交或杂交形成黑色的子囊壳。一般情况下部叶片比上部叶片多，叶片背面比正面多。霉斑早期单独分散，后联合成一个大霉斑，甚至可以覆盖全叶，严重影响光合作用，使正常新陈代谢受到干扰，造成早衰，产量受到损失。

随着病情发展，病斑连接成片，布满整张叶片，受害部分发现褪绿和发黄，发病后期病斑上产生许多黑褐色的小黑点。最后白色粉状霉层老熟，变成灰白色。发病严重时，病叶组织变为黄

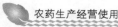

褐色而枯死。高湿条件下，病菌也可以侵染茎蔓和花器，产白色粉斑，症状与叶片类似，病斑较小。

（2）发病规律。白粉病是由真菌引起的。病菌在病株残体上越冬，翌年春气温回升时，病菌借气流或水珠飞溅传播。当气温在 20~25℃，湿度较大时，侵入寄主体内，引起发病。因此，浇水过多，通风透光不良，会使病害迅速扩展蔓延。

（3）防治方法。发病初期用己唑醇、醚菌酯、苯醚甲环唑、戊唑醇、丙环唑、氟硅唑、啶酰菌胺，几种农药交替使用，在发病中心及周围重点喷施。

6. 炭疽病类

（1）症状。此病主要发生在成熟果实上，最初由果实表面呈现有细小的半透明斑点，渐次扩大成黑褐色凹陷，大的病斑表面出现轮纹，有红色黏质物（孢子块）侵入果肉内部。叶片上发生淡黄色小斑，而后小斑逐渐扩大，最后变成灰褐色的病斑，上有同心轮纹，轮纹上生有许多黑色小点。

（2）发病规律。高温、多雨、高湿的环境下极易发生炭疽病。当气温为 28℃ 时，炭疽病病菌萌发最快，当温度达到或超过 28℃ 时，病势受到一定的抑制。因此，在酷热的盛夏此病发生的不多。棚内湿度是诱发该病的主要因素，湿度与其潜伏期成反比，湿度越低，潜伏期越长，病害越轻；反之病害越严重。当湿度低于 54% 时基本不发病，而湿度处于 87%~95% 的高湿环境下，病菌只有 3 天的潜伏期，当空气相对湿度超过 95% 时发病最严重。

（3）防治方法。在发病初期及时喷药。可选用 70% 甲基硫菌灵、80% 炭疽福美、70% 代森锰锌，以上药剂轮流交替用药，以全面控制病菌的萌发。

（二）细菌性病害

细菌性病害主要类群有棒秆、假单胞秆、野秆、黄单胞秆、欧文杆 5 个菌属。革兰氏染色除棒杆菌呈阳性外其他 4 个菌属都是阴性。由细菌引起的病害种类、受害植物种类及危害程度仅次于真菌性病害，我国主要的细菌性作物病害有 60~70 种。而且近年来有上升趋势。

1. 症状

细菌属非专性寄生菌，其致病机理是与寄主细胞接触后通常是先将细胞或组织致死，然后再从坏死的细胞或组织中吸取养分，因此，导致的症状是组织坏死、腐烂和枯萎，少数能引起肿瘤，初期受害组织表面常为水渍或油渍状、半透明，潮湿条件下有的病部有黄褐色或乳白色胶粘、似水珠状的菌脓；细菌性病害没有菌丝、孢子，病斑表面没有霉状物，湿度大时有菌脓（除根癌病菌）溢出，有臭味散出。病斑表面光滑，这是诊断细菌性病害的主要依据。主要症状类型如下。

（1）斑点型。植物由假单孢杆菌侵染引起的病害中，有相当数量呈斑点状。通常发生在叶片和嫩枝上，叶片上的病斑常以叶脉为界线形成的角形病斑，细菌为害植物的薄壁细胞，引起局部急性坏死。细菌病斑初为水渍状，在扩大到一定程度时，中部组织坏死呈褐色至黑色，周围常出现不同程度的半透明的褪色圈，称为晕环。如水稻细菌性褐斑病、黄瓜细菌性角斑病、棉花细菌性角斑病等。

（2）叶枯型。多数由黄单孢杆菌侵染引起，植物受侵染后最终导致叶片枯萎。如黄瓜细菌性叶枯病。如水稻白叶枯病、黄瓜细菌性叶枯病、魔芋细菌性叶枯病等。

（3）青枯型。一般由假单孢杆菌侵染植物维管束，阻塞输导通路，致使植物茎、叶枯萎。如番茄青枯病、马铃薯青枯病、草莓青枯病等。

（4）枯萎型。大多是由棒状杆菌属引起，在木本植物上则以青枯病假单胞杆菌为最常见，一般由假单孢杆菌侵染植物维管束，阻塞输导通路，引起植物茎、叶枯萎或整株枯萎，受害的维管束组织变褐色，在潮湿的条件下，受害茎的断面有细菌黏液溢出。如番茄青枯病、马铃薯枯病、草莓青枯病等。

（5）溃疡型。一般由黄单孢杆菌侵染植物所致，后期病斑木栓化，边缘隆起，中心凹陷呈溃疡状。如柑橘溃疡病、菜用大豆细菌性斑疹病、番茄果实细菌性斑疹病等。

（6）腐烂型。多数由欧文氏杆菌侵染植物后引起腐烂。植物多汁的组织受细胞侵染后通常表现腐烂症状，细菌产生原黏胶酶，分解细胞的中胶层，使组织解体，流出汁液并有臭味。如白菜细菌性软腐病、茄科及葫芦科作物的细菌性软腐病以及水稻基腐病等。

（7）畸型。由癌肿野单胞杆菌的细菌可以引起植物的根、根茎或侧根以及枝杆上的组织过度生长，形成畸形，呈瘤肿状或使须根丛生。假单胞杆菌也可能引起肿瘤。如菊花根癌病等。

2. 常见农作物细菌性病害

（1）黄瓜。细菌性角斑病、缘枯病、叶枯病。

（2）西瓜。细菌性角斑病。

（3）番茄。青枯病、溃疡病、疮痂病、细菌性斑疹病。

（4）辣椒。青枯病、疮痂病、软腐病、细菌性叶斑病。

（5）白菜。白菜类软腐病、黑腐病、大白菜细菌性角斑病、叶斑病。

（6）甘蓝。甘蓝类软腐病、黑腐病、细菌性黑斑病。

（7）马铃薯。青枯病、环腐病、软腐病。

（8）菜豆。细菌性疫病、晕疫病。

（9）茄子。青枯病。

3. 常用药剂

（1）有机铜类杀菌剂。常见的制剂包括噻菌铜、络氨铜、松脂酸铜、琥珀酸铜、壬菌铜、喹啉铜、噻森铜等。该类杀菌剂对一些细菌性病害具有良好防治效果。

优点：该类杀菌剂的优点包括更加安全，一般不会产生药害，花期和幼果期也可以使用；使用范围和时间广泛，水稻、蔬菜、瓜果等；含铜量比较低，不会引起螨类的增殖，铜素的累积小；可混性好，使用方便，减轻负担。

缺点：价格普遍较高；市场正在成长之中，是市场的后来者。

（2）无机铜类杀菌剂。常见的无机铜类杀菌剂包括：氢氧化铜、氧化亚铜、碱式硫酸铜、氧氯化铜。无机铜类杀菌剂已经成为农民和商家接受的传统产品，市场成熟。

优点：是具有优势的保护性杀菌剂；有的价位较低，成本有比较优势；不用商家宣传和多费口舌。

缺点：容易产生药害，在花期和幼果期禁止使用或者限制使用；可混性差，大多数无机铜制剂为碱性农药，不能与大多数农药混配，使用起来不方便；诱发螨类和锈壁虱的增殖，变相地增加防治成本；市场比较乱，利润空间小，同类铜制剂竞争激烈；治疗的效果不强；在水稻上不容易使用。

（3）抗生素类农药。一些抗生素是微生物代谢过程中所产生的杀菌物质，具有抑制他种微生物的生长发育，以及阻碍其生理机能的作用，对细菌性病害具有良好的防治效果。使用比较普遍的春雷霉素、四霉素、中生菌素都是当前应用较广的主要抗生素品种。

（三）病毒性病害

1. 症状

病毒性病害症状主要是变色、皱缩、矮缩。

变色指整个植株、整个叶片或叶片的一部分变色。主要表现为褪绿和黄化，也有的表现为紫色或红色等其他色泽的变化，叶色变深成蓝绿色或叶片表面呈金属光泽（银叶病）等。叶片上不均匀的变色，如常见的花叶，是由不规则的深浅绿或黄绿相间形成的。变色部分呈不规则斑块的为斑驳，呈环状的为环斑或几个环斑组成的同心斑和线条状变色的线纹。单子叶植物的花叶症状是在平行叶脉间出现条纹或条点等不规则变色。沿叶脉变色的症状有脉带和脉明，花部颜色的变化有花色变绿等。变色症状是由于叶绿素或其他色素受破坏或抑制所致。常表现于植物病毒病和有些非侵染性病害，如土壤中缺铁时植物褪绿，缺氮则黄化，土壤中积累盐碱太多或含其他有毒物质导致植株发黄或变红等。

2. 防治用药

防治病毒病重点是防治传毒介体，常用药有盐酸吗啉胍、吗胍·乙酸铜、氨基寡糖素、低聚糖素、香菇多糖等。

（四）植物病原线虫和原生动物

植物受线虫危害后所表现的症状与一般的病害症状相似，因此，常称线虫病，该虫习惯上将寄生线虫作为植物病原物。植物病原线虫危害植物后植物地上部分症状有顶芽和花芽的坏死，茎叶的卷曲或组织的坏死，形成叶瘿或种瘿。根部受害的症状，有的生长点被破坏而停止生长，或卷曲。根上形成瘤肿或过度分枝，根部组织的坏死的腐烂等。多肉的地下根或茎受害后，组织先坏死，以后由于其他微生物的侵染而腐烂，根部受害后，地上部的生长受到影响，表现为植株矮小，色泽失常和早衰，严重时整株枯死。

线虫除本身引起病害外，与其他病原物的侵染和危害有一定关系。土壤存在着许多其他病原物，根部受到线虫侵染后容易遭受其他病原物的和真菌的侵染，从而加重病害发生，如棉花根部受到线虫侵染后，更容易发生枯萎病，多开成并发症。有些寄生性线虫，可以传染许多植物病原细菌，或者引起并发并发症。更为重要的是有些土壤中的寄生性线虫是传染许多植物病毒的介体，传播病毒和为其他病原物造成侵染伤口，从而引起其他病害

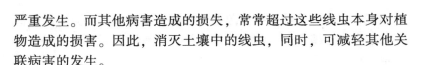

严重发生。而其他病害造成的损失，常常超过这些线虫本身对植物造成的损害。因此，消灭土壤中的线虫，同时，可减轻其他关联病害的发生。

植物线虫的防治方法很多，如高温闷棚等，但目前的主要防治方法还是应用化学药剂进行防治。防治植物线虫的药剂一般称之为杀线虫剂，大部分杀线虫剂主要用于土壤处理，少部分用于种子、苗木处理。防治植物线虫常用药剂：阿维菌素 B_2、噻唑磷、涕灭威、淡紫拟青真菌等。

五、病害的流行与环境条件的关系

植物病害（侵染性病害）流行是指植物病原物大量传播，在较短的时间内和较大的地域内植物群体严重发病，并造成严重产量损失的现象。任何一种植物病害流行都离不开病原物、寄主植物的环境因素，也就是说只有大量的致病力强的病原物、高感病的寄主植物和有利的环境条件这 3 个条件同时具备，病害才能流行，三者缺一不可。

1. 有致病的病原物

病原物的致病性数量多并能有效传播是病害流行的主要原因，对于病毒病还与传毒介体的发生数量有关。

2. 寄主植物易感病

品种布局不合理，大面积种植感病植物或品种，有时会导致病害的流行。

3. 环境条件利于发病

包括气象条件和耕作栽培条件。只有长时间存在适宜的环境条件，病害才能流行。

气象因素中温度、相对湿度、雨量、雨日结露和光照时间的影响最为重要，同时，要注意大气候与田间小气候的差别。耕作栽培条件中土壤类型、含水量、酸碱性、营养元素等也会影响病害的流行。环境条件包括气象条件和耕作栽培条件，只有长时间存在适宜的环境条件，病害才能流行。一般情况下，环境是主导因素。

第二节　虫害的发生与防治

害虫，是对人类有害的昆虫的通称。从我们自身来讲，就是对我们人类的生存造成不利影响的昆虫的总称。一种昆虫的有益还是有害是相当复杂的，常常因时间、地点、数量的不同而不同。我们易把任何同我们竞争的昆虫视为害虫，而实际上只有当它们的数量达到一定量的时候才对人类造成危害。害虫和益虫是相对而言的，益虫会做对人类有害的事，害虫也会做有益的事，只是程度不同罢了。如植食性昆虫的数量小、密度低，在一定时间内对农作物的影响没有或不大，就不应被当做害虫而将其杀死。相反，由于其少量存在，作为天敌的食物，可使天敌滞留在这一生境中，增加了生态系统的复杂性和稳定性。在这种情况下，应把这样的"害虫"当做益虫看待。因为，由于它扪的存在，使为害性更大的害虫不能猖獗，从而对植物有利。

一、常见农业害虫分类

1. 直翅目（Orthoptera）
直翅目包括蝗虫、蟋蟀、螽斯、蝼蛄等常见昆虫。体大型或中型，吸嚼式口器。前翅狭长且稍硬化，后翅膜质；有些种类短翅，甚至无翅，有的种类飞行力极强，能长距离飞迁。后足强大，适于跳跃。

2. 鳞翅目（Lepidoptera）
鳞翅目最大特点是成虫翅面上均覆盖着小鳞片，成虫称蛾或蝶。虹吸式口器，形成长形而能卷起的喙；已知有 14 万种左右，其中，蛾类 90% 多，蝶类不足 10%。蛾与蝶的异同蝶类触角末端膨大，而蛾类触角呈线状或羽状；蝶类休息时翅合拢立于背上，而蛾类休息时则将翅平放于身体两侧或收缩呈屋脊状；蝶类大多在白天活动，而蛾类大多夜间活动，通常都具有较强的趋光性。该类昆虫主要以幼虫为害植物。常见害虫有棉铃虫、小菜蛾、菜白粉蝶、桃蛀螟、玉米螟、黏虫、斜纹夜蛾、各类地老虎等。

3. 鞘翅目（Coleoptera）

鞘翅目昆虫纲第一大目，有 30 万种以上，占昆虫总数的 40%。通称甲虫，简称"甲"。一般躯体坚硬，有光泽。头正常，也有向前延伸成喙状的（象鼻虫），末端为咀嚼式口器。前翅角质化，坚硬，称鞘翅，无明显翅脉。主要害虫种类有：各类金龟子、金针虫、茄二十八星瓢虫、跳甲等。

4. 缨翅目（Thysanoptera）

缨翅目通称蓟马，身体微小。一般黄褐或黑色。眼发达。触角较长，锉吸式口器。翅膜质，翅缘具有密而长的缨状缘毛。

5. 同翅目（Homoptera）

同翅目多为小型昆虫，刺吸式口器，其基部着生于头部的腹面后方，好像出自前足基节之间。具翅种类前后翅均为膜质，静止时呈屋脊状覆于体背上，很多种类的雌虫无翅，蝉、叶蝉、飞虱、木虱、粉虱、蚜虫及介壳虫等均属此目。叶蝉和蚜虫等还能传播植物病毒病。

6. 半翅目（Hemiptera）

半翅目通称"蝽"或"椿象"；多数体形宽略扁平，前翅基半部革质，端半部膜质，为半鞘翅。后翅膜质；刺吸式口器，其若虫腹部有臭腺，故有"臭虫"、"放屁虫"之名。有多个科，如网蝽科（梨网蝽、香蕉网蝽）、花蝽科（细角花蝽、微小花蝽）、缘蝽科（针缘蝽、稻蛛缘蝽）、蝽科（稻褐蝽、稻黑蝽、稻绿蝽）、盲蝽科（绿盲蝽、苜蓿盲蝽、中黑盲蝽）等。

7. 双翅目 （Diptera）

双翅目包括蚊、蝇、虻等。刺吸式或舐吸式口器。前翅膜质发达，后翅退化为平衡棒。麦红吸浆虫、麦黄吸浆虫、柑橘大实蝇、瓜实蝇、潜叶蝇类、种蝇、葱蝇、萝卜蝇。

此外，许多植食性螨类是农业上的大害虫，这类害虫隶属于节肢动物门，蛛形纲，蜱螨亚纲，记载种类已达10余万种，主要有各类蜘蛛。

二、常见昆虫的口器类型及危害症状

口器是昆虫的取食器官，位于头部下方或前方。由于各种昆虫取食习性和方式的不同，其形态结构有很大不同，昆虫主要有2种类型口器，即咀嚼式口器和吸收式口器。取食固体食物的为咀嚼式口器，取食液体食物的为吸收式口器。

从比较形态学研究表明咀嚼式口器是最基本、最原始的类型，其他类型都是由咀嚼式口器演化面来的，它们的各个组成部分尽管外形有很大变化，但都可以从其基本构造的演变过程找到它们之间的同源关系。

1. 咀嚼式口器

该类昆虫口器的主要特点是具有坚硬而发达的上颚，用以咬碎食物，并把它们吞咽下去，原始类群如蝗虫、各类甲虫，有些昆虫则有变异，为变异咀嚼式口器，如鳞翅目幼虫等。

具有咀嚼式口器的昆虫为害特点是造成植物机械性损伤，严重时，能将植株叶片吃光。一般的被害状为缺刻、孔洞、叶肉被潜食成弯曲的虫道或白斑。也有蛀食茎秆、果实或咬断根、茎基部的情况。

2. 刺吸式口器

这类昆虫不仅具有吮吸液体食物的构造，而且还具有刺入动植物组织的构造，因而能刺吸动物的血液和植物的汁液。如蚜虫、蚊子、蝽类、蝉等。

具有刺吸式口器的昆虫取食植物汁液，因此，植物被害特点是组织呈褪色斑点、叶片卷曲或皱缩，造成畸形或组织增生等。

3. 虹吸式口器

具有虹吸式口器的昆虫其口器在外观上是一条能卷曲和伸展的长喙，适于吮吸深藏在花底的花蜜，如蛾类和蝶类成虫具有虹吸式口器。这类昆虫一般不造成危害，但吸食果液的蛾类，能刺破成熟果实的果皮吮吸果汁，造成对苹果、梨、桃、柑橘等果实的为害。

4. 锉吸式口器

能吸食植物的汁液或软体动物的体液。少数种类也能吸人血。蓟马类昆虫的口器，主要为害植物细嫩组织，被害的嫩叶、嫩梢变硬卷曲枯萎，叶面形成密集小白点或长形条斑，植株生长缓慢，节间缩短。严重时造成心叶扭曲不能展开，甚至可造成大批死苗。

5. 舐吸式口器

各种蝇类瑞典蝇若虫口器。

三、口器的类型与害虫防治的关系

昆虫的口器类型不同，为害方式也不同，因此，采用防治害虫的方法也就不相同，了解昆虫口器的构造类型，不仅可以知道害虫的为害方式，而且对于正确选用农药及合理施药有着重要的意义，同时，熟悉害虫的口器类型与被害特征后，既使害虫已经离开寄主，也可以根据被害状大致判明害虫的类别。

1. 咀嚼式口器的昆虫

取食固体食物，咬食植物各部分组织造成机械损伤如蝗虫、黏虫等咬食叶片、茎秆，造成寄主植物残缺不全，甚至把庄稼吃成光秆；有的将叶片咬成许多孔洞或仅剥食叶肉而留下叶脉，如叶甲；有的吐丝缀叶潜居其中为害，如卷叶蛾、螟蛾；有的蛀入树干边材或木质部，蛀成各种形状的"隧道"，如天牛、吉丁虫等。对于这些害虫一般采用胃毒剂或触杀剂进行防治。如螺螨酯、阿维菌素、拟除虫菊酯类等杀虫剂；对于蛀茎、潜叶或蛀果等钻蛀性害虫，因只是短时间暴露在外，故施药时间应掌握在害虫蛀入之前；对于地下害虫，一般使用毒饵、毒谷，使之和食物一起吞下，导致它们死亡，

2. 刺吸式口器的昆虫

如螨、蚜虫、叶蝉和飞虱等为害的植物，外表没有显著的残缺与破损，但造成生理伤害，植物叶片被害后，常出现各种斑点或引起变色、皱缩或卷曲，倍蚜、瘿蜂等为害的植物，叶面隆起，形成虫瘿。幼嫩枝梢被害后，往往变色萎蔫。螨、蚧类等为害的植物也可形成畸形的丛生枝条。此外，昆虫在取食时，可将有病植株中的病毒吸入体内，随同唾液注入健康的植株中，引起健康植株发病，如小麦的黄矮、丛矮等病毒就是由蚜虫、飞虱传播的，对于刺吸式口器的害虫，一般使用内吸杀虫剂防治效果最好，如吡虫啉、啶虫脒等。触杀剂对刺吸式口器的害虫也有良好的防治效果，但防治时一定要将有害虫的部位都喷到，特别上繁殖速度快的昆虫（小麦蚜虫）。而胃毒剂对刺吸式口器的害虫则不能奏效。

3. 虹吸式口器的昆虫

吸食暴露在植物体外表的液体，根据这一习性可将胃毒剂制成液体毒饵，使其吸食后中毒，如目前常用的糖酒醋诱杀液等。

目前农药正朝着高效低毒和有选择性（不杀伤天敌）方向发展，常具有触杀，胃毒、内吸等多种作用，有的还兼有熏蒸作用，则不受口器构造的限制，应用比较广泛。

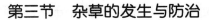

第三节 杂草的发生与防治

一、杂草定义

字典中杂草定义：任何不受欢迎、令人讨厌或给人带来麻烦的植物，尤指不希望生长在耕地中的植物。杂草一般是非栽培的野生植物或对人类无用的植物。

广义的杂草定义：指生长在对人类活动不利或有害于生产场地的一切植物。主要为草本植物，也包括部分小灌木、蕨类及藻类。全球经定名的植物有 30 余万种，认定为杂草的植物8 000 余种；在我国书刊中可查出的植物名称有 36 000 多种，认定为杂草的植物有 119 科 1 200 多种。杂草这个概念是相对的，如蒲公英，当它生长在花盆里时就不是杂草；但是生长在野外时，它就变成了杂草。

二、杂草的分类

杂草的分类有方法很多，除可按植物学方法分类外，还可按其对水分的适应性分为水生、沼生、湿生和旱生；根据生活史长短可分为：一年生杂草、越年生或二年生杂草、多年生杂草；按化学防除的需要分为禾草、莎草和阔叶草；此外，还可根据杂草的营养类型、生长习性和繁殖方式等进行分类。杂草的其生物学特性表现为：传播方式多、繁殖与再生力强、杂草生活周期一般都比作物短（成熟的种子随熟随落）、抗逆性强、光合作用效益高等。农田杂草的主要为害为：与作物争夺养料、水分、阳光和空间，妨碍田间通风透光，增加局部气候温度，有些则是病虫中间寄主（可促进病虫害发生）；寄生性杂草直接从作物体内吸收养分，从而降低作物的产量和品质。此外，有的杂草的种子或花粉含有毒素，能使人畜中毒。

农业生产上常根据杂草防除需要分类，这种分类方法具有重要的实践意义，它打破了植物学的分类方法。常见的几类如下。

1. 禾本科杂草

这类杂草多数以种子繁殖，胚有一个子叶、叶形狭窄，茎秆圆筒形，有节，节间中空，平行脉，叶子竖立无叶柄，生长点不外露，须根系，如稗草、狗尾草等。

2. 双子叶或阔叶杂草

此类杂草有 2 片子叶，生长点裸露，叶形较宽。叶子着生角度大，网状脉，有叶柄，直根系。如苍耳、藜、苋等。双子叶杂草又可分为大粒和小粒两种，大粒双子叶杂草种子直径超过 2 毫米，发芽深度可达 5 厘米，小粒双子叶杂草种子直径小于 2 毫米，一般在 0~2 厘米土层发芽。

3. 莎草科杂草

此类杂草也是单子叶，但茎为三棱形，个别圆柱形，无节，通常实心，叶片狭长而尖锐，竖立生长，平行叶脉，叶鞘闭合成管状。如异型莎草、牛毛草等

三、农田化学除草

1. 化学除草定义

化学除草指根据作物和杂草的生长特点和规律，利用化学除草剂进行防除杂草的一种方法。实践证明，化学除草是消灭农田杂草，保证作物增产的重要手段。

2. 化学除草特点

除草速度快、效率高（为人工除草效率的 5~10 倍）、除草效果好。施药适时，一次可解决草害，不需用人工拔除。化学除草增产显著，一般化学除草能增产 10% 左右。化学除草可克服雨

天等不良天气的限制，有利于病虫害的综合防治。如消灭了看麦娘、野燕麦、马唐等，就清除和切断了小麦长管蚜、二叉蚜的中间寄住和黄矮病、赤霉病的传毒媒介。

3. 化学除草原则

不同作物，不同杂草、同一作物不同生育期要求用不同的除草剂品种、剂型及不同施用方法。但最终要达到既能消灭杂草，又能保证作物安全要求。也就是说要调节好环境、除草剂、作物、杂草四个因素的相互关系，以便创造最好的环境条件，充分发挥除草剂效果。

4. 化学除草用药品种分类

下面是按使用类型对除草机进行了分类，但在使用前一定要先阅读农药使用标签，按规定使用，防止误用造成药害。

（1）土壤处理类除草剂。通常在农作物播后芽前使用，但不同除草剂适用的作物不一样，例如，玉米地常用的有土壤封闭除草剂有乙草胺、异丙甲草胺、甲草胺、丁草胺、莠去津；水稻田常用的土壤处理除草剂有扑草净、噁草酮、丙炔噁草酮、禾草丹、莎扑隆等；棉花、大豆、油菜、马铃薯天常用土壤处理除草剂有二甲戊灵、地乐胺、氟乐灵（某些蔬菜可用）。

（2）茎叶处理类除草剂。通常小麦田常用的有苯磺隆、二甲四氯、双氟磺草胺、甲基二磺隆、啶磺草胺、氟唑磺隆、唑啉草酯、精恶唑禾草灵、炔草酯、异丙隆、2,4-D 丁酯等；玉米田常用的有：烟嘧磺隆、硝磺草酮、溴苯腈、碘苯腈等；水稻田用的有敌稗、苄嘧磺隆、五氟磺草胺、二氯喹磷酸、嘧草醚、醚磺隆、吡嘧磺隆、双草醚等；大豆花生田常用的有乙羧氟草醚、乳氟禾草灵、氰氟草酯、精吡氟禾草灵、高效氟吡甲禾灵、精喹禾灵、精恶唑禾草灵、稀草酮、稀禾啶等。

（3）荒地、非耕地常用除草剂。草甘膦、敌草快、草胺膦、咪唑烟酸、环嗪酮等。防治一年生禾本科杂草稗草、野燕麦、狗尾草选用精吡氟禾草灵、烯禾啶、精喹禾灵、高效氟吡甲禾灵、精噁唑禾草灵、喹禾糠酯、烯草酮。

第八章　常见农作物病虫草综合防治技术

第一节　小麦病虫草综合防治技术

根据小麦不同生育阶段，明确主攻对象，兼顾次要病虫，施行综合防控。

一、播种期

重点防控小麦土传、种传病害、地下害虫，兼治麦蚜。

防治方法：拌种或包衣

推荐用药：茎基腐病、根腐病发生区采用戊唑醇、咯菌腈、氰烯菌酯等药剂进行种子处理；全蚀病发生区可用12.5%硅噻菌胺悬浮剂；纹枯病、根腐病、黑穗病发生区可用25g/灭菌唑悬浮种衣剂、6%戊唑醇悬浮种衣剂、3%苯醚甲环唑悬浮种衣剂、1 000亿枯草芽孢杆菌拌种或包衣。包衣用杀虫剂可用克百威、甲基异硫磷、毒死蜱等。杀虫杀菌混合种衣剂可选：萎·克·福美霜、克·醇·福美双、多·福·克等。

二、苗期

重点防控各类禾本科恶性杂草和阔叶杂草。禾本科恶性杂草主要有节节麦、雀麦、野燕麦、看麦娘等，必须冬前防治；阔叶杂草主要有播娘蒿、荠菜、麦家公、猪殃殃等，以冬防为主、春防为辅。

1. 禾本科杂草

防治雀麦可用啶磺草胺、氟唑磺隆；防治节节麦可用甲基二磺隆油悬浮剂或甲基碘磺隆钠盐·甲基二磺隆（硬质小麦禁用）；以看麦娘为主的麦田，可用啶磺草胺、炔草酯、精恶唑禾草灵；以野燕麦为主的麦田，可用精噁唑禾草灵、炔草酯、炔草酯·唑啉草酯啶磺草胺、氟唑磺隆等喷洒。

2. 阔叶杂草

（1）以播娘蒿、荠菜为主的麦田，每亩可选用 20%双氟·氟氯酯水分散粒剂 5~6.5 克，或 20%氯氟吡氧乙酸乳油 40~50 毫升、或 20%氯氟吡氧乙酸乳油 20~25 毫升与 20%2 甲 4 氯水剂 125~150 毫升混配。

（2）以麦家公、猪殃殃为主的麦田，亩用 40%唑酮草酯 4~5 克+苄嘧磺隆 30~40 克，也可用 40%唑酮草酯 2 克+10%苯磺隆 8 克。对猪殃殃发生多的田块用 5.8%唑嘧磺草胺·双氟磺草胺悬浮剂 9~13 毫升。

3. 禾本科阔叶杂草混发田块

对于禾本科杂草和阔叶杂草混发麦田，可采用相对应药剂混合喷施。特别注意事项如下。

（1）配置药剂要采取二次稀释法，亩用水量 20~30 千克，有条件的地方要全力推广统防统治，提高防效。

（2）甲基二磺隆及其复配制剂在强筋麦、优质麦上禁止使用，且不易与 2,4-D 和长残效除草剂混用，以免出现药害；用药前后 2 天不可大水漫灌；使用后小麦可能会出现黄化现象，一般 3~4 周后症状消失。

（3）在小麦 3~5 叶期，禾本科杂草 2~4 叶期，麦田各类杂草基本出齐苗时进行防治。选择晴天无风且最低气温不低于 4℃时用药，喷药时间以上午 9:00 点后 16:00 点前为宜。

三、小麦返青-拔节期

重点防控纹枯病，兼顾白粉病、蚜虫、麦蜘蛛、茎基腐病、根腐等。对于冬前没有进行化学除草的地块，这个时期阔叶杂草也是防控重点。

对于病害可使用井冈霉素、多抗霉素、木真菌、苦参碱等生物农药控制纹枯病、蚜虫。化学农药推荐使用戊唑醇、丙环唑、氟环唑、噻呋酰胺、丙硫菌唑等高效低毒低风险化学农药以及生物农药。

麦蜘蛛发生严重地块可选用阿维菌素、联苯菊酯、联苯·三唑磷等药剂喷雾防治。

对于杂草用药，同苗期阔叶杂草用药相同，但一般建议拔节后不再用药。

四、小麦孕穗期-扬花期

重点防控赤霉病、叶枯病、吸浆虫，兼顾麦蚜、白粉病、锈病等。掌握小麦扬花初期这一关键时期，可有效防控赤霉病及小麦吸浆虫成虫。

防治用药可选择氰烯菌酯、戊唑醇、丙硫菌唑、咪鲜胺、高效氯氟氢菊酯等高效、安全药剂。

小麦吸浆虫的防治以中蛹期撒毒土防治为主，成虫期扫残为辅。

小麦吸浆虫的发生规律：小麦拔节阶段，越冬幼虫破茧上升到表土层；孕穗时破茧化蛹，蛹期8~10天；开始抽穗时，吸浆虫羽化，交配后把卵产在已抽穗尚未扬花的麦穗外颖边上，成虫羽化期与小麦抽穗期一致。卵孵化后，随即转入颖壳，附在子房或刚灌浆的麦粒上吸取汁液为害麦粒。老熟幼虫落在土表，钻入土中10~20厘米深处越夏、越冬。

吸浆虫成虫防治：70%麦穗抽出时，用2.5%高效氯氟氰菊酯，或4.5%高效氯氰菊酯，或10%吡虫啉，按农药说明书用量喷雾防治。注意要在17：00点后均匀喷雾，灭虫效果最好。

小麦赤霉病防治：抽穗扬花期遇雨或连续3天以上阴天，立即喷药防治。可选用50%多菌灵可湿性粉剂，或12.5%烯唑醇可湿性粉剂，或25%氰烯菌酯悬浮剂等，严格按照农药说明书使用。

五、小麦灌浆－成熟期

重点控制麦蚜、白粉病、条锈病、纹枯病等。针对病虫害发生种类，实施"一喷三防"措施。一喷多防常用农药种类如下。

杀虫剂：吡虫啉、吡蚜酮、噻虫嗪、联苯菊酯、溴氰菊酯、高效氯氟氰菊酯、高效氯氰菊酯、氰戊菊酯、毒死蜱、阿维菌素等。请严格按照农药说明书使用。

杀菌剂：三唑酮、烯唑醇、戊唑醇、己唑醇、丙环唑、苯醚甲环唑、咪鲜胺、氟环唑、噻呋酰胺、醚菌酯、吡唑醚菌酯、多菌灵、甲基硫菌灵、氰烯菌酯、丙硫唑·戊唑醇、丙硫菌唑、蜡质芽孢杆菌、井冈霉素等。请严格按照农药说明书使用。

叶面肥及植物生长调节剂：磷酸二氢钾、腐殖酸型或氨基酸型叶面肥、芸苔素内酯、氨基寡糖素等。请严格按照说明书使用。

第二节　夏玉米病虫草综合防治技术

一、播种期

防治重点是地下害虫（如金针虫、蛴螬、蝼蛄）及黑穗病、丝黑穗病、根腐病等种传、土传病害。

防治措施：主要采用种子包衣防治病虫害，

防治用药：杀虫剂常用吡虫啉、噻虫嗪、氟虫氰、辛硫磷等；杀菌剂常用咯菌腈·精甲霜、苯醚甲环唑、吡唑醚菌酯、戊唑醇、烯唑醇、多菌灵等。

二、播种后至苗期

重点防控杂草、灰飞虱、蚜虫、蓟马、瑞典蝇、玉米耕葵粉蚧、二代黏虫、二点委夜蛾等

（一）化学除草

播后苗前可选用乙草胺、丁草胺、异丙草胺、莠去津；在玉米3~5叶期喷施。生产上应用较多的是烟嘧磺隆、硝磺草酮、莠去津、氯氟吡氧乙酸等上述农药的二元或三元的复配制剂。应注意喷施含有烟嘧磺隆的苗后除草剂时，严禁加入有机磷杀虫剂混喷，喷药前后一星期也不能使用有机磷农药，以免出现药害。如因前期用药不理想或因雨水过多造成新生杂草危害，可在玉米8叶期后，株高超过60厘米，玉米茎基部老化发紫后，用敌草快或草铵膦在玉米行间定向喷雾，均可防除杂草。选择无风天气，定向喷雾时加防护罩，压低喷头，不能喷到玉米茎叶上。

（二）防虫

防治瑞典蝇、玉米耕葵粉蚧可用辛硫磷或毒死蜱乳油灌根。

防治灰飞虱、蚜虫、蓟马可用噻虫嗪、吡虫啉或高效氯氟氰菊酯喷雾。

防治二代黏虫等各种鳞翅目害虫等，可用氯虫苯甲酰胺、高效氯氟氰菊酯、溴氰菊酯喷雾。

防治地老虎可用辛硫磷、高效氯氟氰菊酯喷雾或用上述农药制成毒饵或毒土进行防治。

防治二点委夜蛾可采用撒毒饵、和喷药2种方式。常用农药有敌敌畏、毒死蜱、甲维盐、高效氯氟氰菊酯、辛硫磷、氯虫苯

甲酰胺等。毒饵应撒在玉米苗周围，喷雾防治时，应将喷头摘下，顺垄直接烹根茎部、杀死大龄幼虫。

三、玉米中后期病虫防治

1. 主要病虫害

叶斑病、褐斑病、穗腐病、玉米螟、棉铃虫、蚜虫等害虫，可使用"一喷多效"技术，即将杀虫剂、杀菌剂和叶面肥混合后同时喷，可控制中后期叶斑病和玉米螟、棉铃虫、蚜虫等病虫。

科学化控防治倒伏：常年容易倒伏的地区、雨水偏多年份及生长偏旺、种植密度大、品种易倒伏的地块，要注意做好化控。一般在玉米拔节期，可使用"胺鲜·乙烯利""胺鲜·甲哌鎓"等，均匀喷施在上部叶片，不可重复喷施。

预防褐斑病：可用10%苯醚甲环唑水分散粒剂或12.5%烯唑醇可湿性粉剂1 500~2 000倍液。多菌灵和甲基托布津等效果一般，不建议使用代森类保护性杀菌剂。

2. 常用药剂

杀菌剂常用的有苯醚甲环唑、烯唑醇、丙环唑、咯菌腈、吡唑醚菌酯等；杀虫剂常选用甲氨基阿维菌素苯甲酸盐、氯虫苯甲酰胺、高效氯氟氰菊酯；叶面肥可选用磷酸二氢钾、氨基酸水溶肥、中微量元素等。

第三节 马铃薯病虫草综合防治

一、重点防控病虫害

重点防控病虫害主要有晚疫病、早疫病、黑痣病、枯萎病、病毒病、疮痂病、地下害虫和蚜虫，兼顾黑胫病、粉痂病和二十八星瓢虫。

二、防控技术措施

（一）晚疫病

1. 种薯处理

播种前种薯切块时将切刀用 75% 酒精或高锰酸钾浸泡 5~6 分钟进行消毒，种薯切块后可选用甲基硫菌灵等药剂拌种，也可使用咯菌腈悬浮剂或精甲霜灵·咯菌腈悬浮剂进行种薯包衣。

2. 生长期喷药

根据马铃薯晚疫病发生情况，确定防治最佳时期，选用代森锰锌或丙森锌或氟啶胺或氰霜唑或枯草芽孢杆菌等保护性杀菌剂进行全田喷雾处理。进入流行期后，可选用烯酰吗啉或霜脲氰·噁唑菌酮或氟菌·霜霉威或霜脲·嘧菌酯或嘧菌酯或氟噻唑吡乙酮或氟吡菌胺霜霉威等药剂进行防控。注重轮换用药，提倡加入有机硅助剂提高药效。

3. 收获期防治

收获前喷施一次铜制剂，如硫酸铜、氢氧化铜或波尔多液等，以杀死土壤表面及残秧上的病菌防止侵染受伤薯块。

（二）早疫病

发病初期喷施保护性杀菌剂，推荐用药丙森锌、代森锰锌、丙环唑、嘧菌酯、啶酰菌胺、烯酰·吡唑酯、苯醚甲环唑·嘧菌酯。

（三）病毒病

生长期根据蚜虫和蓟马发生情况，采用噻虫嗪、呋虫胺、吡虫啉、啶虫脒、高效氯氟氰菊酯等药剂进行喷雾防治。

（四）黑痣病和枯萎病

1. 种薯处理

选用代森锰锌或甲基硫菌灵等药剂拌种，也可使用咯菌腈悬浮剂或精甲霜灵·咯菌腈悬浮剂进行种薯包衣。

2. 垄沟施药

选用嘧菌酯或噻呋酰胺或氟酰胺·嘧菌酯进行播前沟施。同时，使用芽孢杆菌类微生物菌剂或菌肥。

（五）疮痂病

1. 药剂沟施

播前沟施寡雄腐霉或五氯硝基苯+氟啶胺，同时，施用枯草芽孢杆菌生物菌肥。

2. 生长期药剂防治

在结薯初期和块茎膨大期喷施腈菌唑、嘧菌酯等。

（六）黑胫病

1. 种薯处理

选用噻霉酮等药剂拌种。

2. 药剂防治

用三乙膦酸铝、枯草芽孢杆菌、春雷霉素、氯化铜或噻霉酮等药剂喷淋或灌根。

（七）地下害虫

地下害虫主要包括金针虫、地老虎、蛴螬、蝼蛄等。

1. 化学防治

可选用溴氰菊酯、高效氯氟氰菊酯喷雾。在成虫出土前，地面拌土撒施辛硫磷。

2. 生物防治

播种时可选用绿僵菌或白僵菌、苏云金杆菌等生物制剂混土处理。

（八）二十八星瓢虫

在卵孵化盛期至3龄幼虫分散前的进行药剂防治，可选用高效氯氟氰菊酯、联苯菊酯等进行叶面喷雾。

（九）蚜虫

可用拟除虫菊类药剂防治，也可用吡虫啉、噻虫嗪、啶虫脒等药剂防治。

第四节 大豆病虫草综合防治技术

一、播种期

1. 种子药剂处理

通过药剂拌种，推迟病、虫的侵染为害，保主根、保幼苗。苗期重点防治根腐病，可选用噻虫·咯·霜灵或噻虫嗪·咯菌腈等兼顾杀虫杀菌的药剂拌种防治。地老虎、蝼蛄、金针虫、蛴螬等地下害虫防治，可用30%多·福·克种衣剂，药种比例1∶50，进行种子包衣。

（1）对大豆根腐病发生较重地区可用50%多菌灵可湿性粉剂加50%福美双可湿性粉剂（3∶2），用药总量为种子重的0.5%。

（2）对大豆潜根蝇发生较重地区可选用40%乐果或甲基异柳磷乳油，按种子重0.5%播前3~6天内湿拌种。

（3）对大豆胞囊线虫病发生重的地区可暂用5%甲基异柳（硫）磷颗粒剂每亩8千克撒施。

（4）对二条叶甲发生重地区可采用乐果乳油拌种，拌种3~5天即应播种，以免影响保苗。

2. 化学除草

土壤封闭处理一般在大豆出苗前进行。可选用精异丙甲草胺、乙草胺等，均匀喷洒于地表，可防治马唐、狗尾草等一年生禾本科杂草和部分阔叶杂草。

茎叶处理一般在大豆出苗后，杂草3~5叶期使用。以禾本科杂草为主的田块，可用精喹禾灵进行茎叶处理。禾本科杂草和阔叶杂草混合发生的田块，在杂草 2~5 叶期选用精喹禾灵+氟磺胺草醚，进行茎叶处理。

二、前期保苗

重点防控蚜虫、蓟马、二条叶甲、圆跳虫、黑绒金龟壳甲、地老虎。

防治蚜虫、蓟马等刺吸式口器害虫可用吡虫磷、高效氯氟氰菊酯喷雾。

防治二条叶甲、圆跳虫、黑绒金龟壳甲等害虫可用菊酯类药剂对水喷雾。

防治地老虎、蝼蛄、金针虫、蛴螬、可用毒饵诱杀，将敌敌畏与炒香饼粉混拌均匀，傍晚用机械或人工撒施于豆田垄沟内。苗期也可用 3% 辛硫磷颗粒剂直接撒施，喷施 48% 毒死蜱乳油、10% 吡虫啉可湿性粉剂等，防治成虫。

三、中期保叶（茎花）

防治蚜虫、豆黄蓟马、红蜘蛛等刺吸式口器害虫所用药剂与苗期相同。

防治苜蓿夜蛾、火焰夜蛾、草地螟以及灯蛾、毒蛾类幼虫，每用氯虫苯甲酰胺、高效氯氟氰菊酯对水喷雾。

防治大豆灰斑病、褐纹病，每亩可用多菌灵可湿性粉剂或甲基托布津可湿性粉剂，对水喷雾。

防治病毒病病，可用 10% 吡虫啉、2.5% 高效氯氟氰菊酯 2 000~3 000 倍液，喷雾防治。

防治大豆霜霉病，每亩可用三乙磷酸铝或甲霜灵锰锌对水喷雾。

防治大豆菟丝子，可用地乐胺喷雾，并注意清除。

"症青"防治：点蜂缘蝽是一种豆科作物典型的刺吸性害虫，近几年在河北省发生较重，造成大豆大幅度减产，甚至绝收。主要症状为荚而不实、成熟时不落叶，造成"症青"症状。

点蜂缘蝽可防可治。首先冬季清除田园周围的杂草、枯枝落叶，压低越冬虫源基数。其次，及时铲除田边早花早实的野生植物，避免其作为过渡寄主，减少部分虫源。大豆开始开花后 7~10 天开始防治，使用噻虫嗪+高效氯氟氰菊酯+毒死蜱喷雾防治；也可使用 10%吡虫啉可湿性粉剂 2 000 倍液，5%高效氯氟氰菊酯微乳剂 1 000 倍液，20%呋虫胺可溶粒剂 1 000 倍液，或 20%氰戊菊酯 2 000 倍液单独防治。每隔 7~10 天喷 1 次，连喷 2~3 次。

防治时期夏播一般为大豆播种后 50 天左右，即 6 月中旬播种的大豆在 8 月上旬开始喷药防治，6 月下旬播种的大豆在在 8 月中旬开始喷药防治。一定要连同大豆田四周地边、沟边同时喷药防治，最好连片统防统治。有限结荚习性的大豆品种，如冀豆 12 等品种，开花期集中，可减少喷药次数，一般 2 次。亚有限结荚习性品种开花期较长，需增加喷药次数。

四、后期保叶或荚、粒

防治大豆紫斑病、灰斑病、褐纹病，每亩可 50%多菌灵可湿性粉，或用甲基托布津可湿性粉剂，对水喷雾；也可用 70%甲基硫菌灵可湿性粉剂 800 倍液，或 250 克/升吡唑醚菌酯乳油 1 000 倍液，喷雾防治，每隔 7~10 天喷施 1 次，连续防治 2~3 次。

防治大豆食心虫，可用溴氰菊酯乳油、或高效氯氟氰菊酯，对水喷雾。

第五节　花生病虫草综合防治技术

花生是我国重要油料作物之一，花生病害有 30 多种，为害较重的有叶斑病、基腐病、锈病、病毒病等；虫害有 50 多种，为害较重的有花生蚜，叶螨，蛴螬等，其中，以蛴螬为害最普遍，最严重。

一、播种期

1. 防治病虫

地下害虫、根结线虫病、茎腐病、冠腐病、杂草等，防治方法是种子处理和土壤处理。杀菌剂可用甲基硫菌灵可湿性粉剂、多菌灵可湿性粉剂，杀虫剂可用辛硫磷乳油、阿维菌素乳油。具体方法详见农药使用标签。

2. 化学除草

花生地主要杂草有马唐、狗尾草、画眉草、藜、马齿苋、反枝苋、铁苋、香附子等。花生播后芽前除草：常选用氟乐灵、乙草胺、二甲戊灵、乙氧氟草醚、异丙甲草胺，播后芽前对水喷施。具体方法详见农药使用标签。

注意：氟乐灵喷施后及时与土壤混合。

二、生长期

1. 病虫防治

花生主要病害有疮痂病、叶斑病、锈病、病毒病等；虫害有蚜虫、红蜘蛛、棉铃虫、黏虫、甜菜叶蛾等。

防治病害（如冠腐病、叶斑病）：可用苯醚甲环唑、丙环唑、百菌清、吡唑醚菌酯、氟环唑、代森锌等；

防治病毒病：可用盐酸吗啉胍等；

防治虫害用：可用茚虫威、溴氰菊酯、氟啶脲、氯虫苯甲酰胺等。具体方法详见农药使用标签。

2. 生长期除草

华北地区一般在6—7月，杂草发生相对集中。防除禾本科杂草如马唐、牛筋草、稗草、狗尾草等可用精喹禾灵；如遇禾本科杂草和阔叶杂草混生，则可选用：精喹禾灵（或高效氟吡甲禾灵、烯禾啶等）+氟磺胺草醚（或乳氟禾草灵、苯达松、乙羧氟草醚等）。具体方法详见农药使用标签。

第六节　蔬菜田化学除草技术

东华北地区常见蔬菜田杂草有马唐、马齿苋、稗草、藜、灰绿藜、反枝苋、龙葵、凹头苋、牛筋草、旱稗、绿狗尾等。

一、蔬菜田化学除草的特点

蔬菜种类繁多，各种蔬菜的耐药程度不同，所以，蔬菜田化学除草比较复杂。例如，氟乐灵在直播蔬菜或苗床上应用，对胡萝卜、芹菜和茴香等伞形花科蔬菜基本安全，对大白菜、小白菜、萝卜等十字花科蔬菜有轻微药害，对番茄、茄子和青椒等茄科蔬菜有一定的药害，而对韭菜、小葱、菠菜和黄瓜则有严重药害。在不同温、湿度条件下，不仅杂草的发生时间与生长速度有显著差异，除草剂药效的发挥和药害的形成也就不同。例如，温室中温度高、湿度大，杂草发生早，除草剂药效高。因此，相同剂量下，露地应用不产生药害，而温室或大棚应用则易产生药害。

鉴于上述特点，蔬菜田化学除草难度较大。尤其是之前国家在蔬菜上登记的除草剂种类较少，因此，生产上一定要先试验、后推广；一定要依据蔬菜种类、防治对象、生态环境、防治时

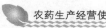

期，因种、因地、因时审慎选择合适、安全的除草剂品种、用药量、用药时间和施药方法，以确保在保护生态环境、降低生产成本的同时防除草害、增加收益。

二、不同蔬菜田化学除草策略

（一）瓜类蔬菜除草技术

常见的瓜类蔬菜有黄瓜、甜瓜、南瓜、冬瓜、西葫芦、丝瓜、苦瓜等。瓜类一般对除草剂敏感，使用不当极易产生药害。

1. 土壤封闭处理

一般在播后芽前，将除草机对水喷于地表，采取土壤封闭的方法，防除杂草。常用药有二甲戊灵、异丙甲草胺、异丙草胺、萘丙酰草胺。

特别注意：一般不用乙草胺，因为乙草胺对瓜类极易造成药害。

另外，对于覆地膜后，再加小拱棚，或在加大棚，里面种植的瓜类蔬菜，一定要注意及时揭开小拱棚放风，防止药液蒸发后在小拱棚的棚膜凝结，然后回流滴到叶面，产生药害。

2. 瓜生长期间杂草防治

主要防治马唐、牛筋草、虎尾草、狗尾草、牛筋草等禾本科杂草。可选用下列除草剂：精喹禾灵、烯禾啶、烯草酮、精噁唑禾草灵等；如有马齿苋、铁苋菜等阔叶杂草，可喷施氟磺胺草醚，但一定要加防护罩！严禁盆施到瓜类叶面！以防产生药害！

（二）十字花科蔬菜除草技术

十字花科蔬菜主要有白菜、萝卜、甘蓝、花椰菜、芥菜等。常见杂草有马唐、马齿苋、稗草、藜、灰绿藜、反枝苋、龙葵、凹头苋、牛筋草、苍耳、繁缕、早熟禾、看麦娘、画眉等。防除时主要采取如下措施。

1. 土壤封闭除草

常用农药有：二甲戊灵、异丙甲草胺、异丙草胺、萘丙酰草胺、精异丙草胺。十字花科蔬菜种子较小，一定要注意避免药量过大，否则，易产生药害。

2. 杂草茎叶处理

常用农药有精喹禾灵、烯禾啶、烯草酮、精噁唑禾草灵、精吡氟禾草灵。此类药主要针对禾本科杂草防治有效。

(三) 豆类蔬菜田杂草防除技术

豆科蔬菜主要有豇豆、芸豆、豌豆、蚕豆等。豆类蔬菜田常见的杂草有马唐、马齿苋、稗草、藜、灰绿藜、小藜、反枝苋、龙葵、凹头苋、牛筋草、铁苋、苍耳、繁缕、早熟禾、画眉等。防除是主要采取的措施如下。

1. 土壤封闭除草

常用防治禾本科杂草农药有二甲戊灵、异丙甲草胺、乙草胺、异丙草胺、萘丙酰草胺、精异丙甲草胺；常用于防治阔叶杂草的农药有扑草净、乙氧氟草醚、恶草酮

2. 杂草茎叶处理

豆类田生长期除草主要常用农药有：精喹禾灵、烯禾啶、烯草酮、精吡氟禾草灵、高效氟吡甲禾灵。此类药主要针对禾本科杂草防治有效。另外，如有阔叶类杂草如马齿苋、香附子、打碗花等较多可使用氟磺胺草醚、苯达松等。

(四) 茄果类蔬菜田杂草防治

茄果类蔬菜常见的有茄子、辣椒、番茄。主要的栽培方式有露地栽培和保护地栽培。茄果类蔬菜田常见的杂草有马唐、马齿苋、藜、反枝苋、牛筋草、铁苋等。但除草方式仍为苗前土壤处理，或生长期对杂草采取茎叶处理，2种防治杂草的方式。

1. 土壤封闭除草

常用防治禾本科杂草农药有二甲戊灵、异丙甲草胺、异丙草

胺、萘丙酰草胺、精异丙甲草胺、氟乐灵等。以上药剂也可防治部分阔叶杂草。

2. 生产期间杂草茎叶处理

常用的除草剂有精喹禾灵、烯禾啶、烯草酮、精吡氟禾灵、高效氟吡甲禾灵、精噁唑禾草灵等，以上药剂主要用于防治禾本科杂草。如田间出现马齿苋、藜等阔叶杂草同禾本科杂草混生，以上药剂可同时搭配使用苯达松、三氟羧草醚、乳氟禾草灵。

第七节　果园化学除草技术

北方果园春季主要杂草有荠菜、小藜、藜、灰绿藜、附地菜、夏至草、紫花地丁、山苦菜、打碗花、苋菜、刺儿菜、狗尾草等；夏季主要杂草有通泉草、狗尾草、苋菜、小藜、马齿苋、牛筋草、荠菜、夏至草、刺儿菜、马唐等；秋季主要杂草有刺儿菜、附地菜、角茴香、马齿苋、牛筋草、田旋花、野葵、斑种草等；春季恶性杂草有抱茎苦荬菜、播娘蒿、地黄、牵牛花、葎草、打碗花、黄花蒿、角茴香、附地菜、夏至草、泥胡菜、田旋花、苋菜、小藜、茵陈蒿等；夏季恶性杂草有苋菜、角茴香、茵陈蒿、夏至草、灰绿藜、小藜、打碗花、藜、田旋花、地黄、牵牛花、葎草、野豌豆等；秋季恶性杂草有刺儿菜、地黄、鬼针草、角茴香、龙葵草、泥胡菜、茵陈蒿、田旋花、打碗花、牵牛花、野豌豆等。这些杂草应各地气候、土壤环境不同略有区别。对于这下杂草的防治主要采取两种防治方法：

一、土壤封闭处理

这种方法是指在杂草萌发前采用地表喷施除草剂的方法，是杂草被消灭在萌发阶段，从而达到除草的效果。可选用的除草剂：氟乐灵、莠去津、扑草净、西玛津等。

具体方法详见农药使用标签。

二、杂草茎叶处理

这种方法是指在杂草出来后，一般果园树龄较大，对农药的耐受力也比较强的情况下，直接喷施到杂草上，将杂草杀死。使用时应将喷头加保护罩，防止药液溅到果树上，产生药害。常用的除草剂有草甘膦、草甘膦异丙胺盐、敌草快、草胺磷等。为提高药效，以上药剂交替轮换使用。

具体方法详见农药使用标签。

第九章　常见农药违法案例分析

案例一　一箱劣质农药的连环案

【案件经过】2018 年 8 月，苹果种植大户李先生为了防治炭疽病在本县的一家 A 农药经营店购买农药，A 公司没有这种农药，就打电话到位于市内区的 B 公司询问，B 公司随后便送来了这种农药，李先生按照 100 元的价格买走了一箱，按使用说明，9 月下旬，喷洒了该农药的 3 亩苹果树全部落果。9 月 22 日，李先生带了一瓶所购买得到所在县农业农村局投诉，并请求进行损害技术鉴定。

市县两级农业农村局相关执法人员到相关农药经营店、使用农药的现场调查取证，A 经营店已没有了该农药，但是 B 公司有相同批次的产品，执法人员抽取了有代表性的样品，委托本省法定农药检测机构进行检测。经检测，该农药有效成分含量低于产品标准规定，属于劣质农药。

2018 年 10 月 8 日，县农业农村局组织市县多名专家到李先生的苹果地进行田间现场调查，不久，李先生拿到了田间现场鉴定书，结论是苹果落果是药害所致，李先生的苹果地损失近 3 万元。

李先生根据田间现场鉴定书要求 A 农药经营店予以赔偿，A 经营店称是 B 公司送货经营的，A 只是联系人，B 公司称他们是卖给 A 经营店，并不是直接卖给李先生的，并且李先生出具的票据是 A 经营店的，理应有 A 经营店赔偿。

执法人员拿到劣质农药的检验报告后，依法送达了检验报告，对 A 农药经营店和 B 公司也进行了相关的调查取证，县农业农村局经调查查明 A 农药经营店只进了该劣质农药 1 箱，全部销售给了李先生。

依据《农药管理条例》县农业农村局对 A 农药经营店进行了行政处罚，同时市农业农村局对 B 公司进行了处以罚款、没收了违法所得、没收了剩余的劣质农药。

市农业农村局之后将有关情况通知了劣质农药生产厂家所在地的农业行政主管部门，生产企业所在的农业农村局对其生产劣质农药的违法行为进行了立案查处，生产企业也得到了相应的行政处罚。

最终，李先生经过艰难协商，B 公司承担了李先生的全部损失。

【评析】本案虽然只是一小箱劣质农药引起，却牵扯出 3 个案件，是因为行政处罚案件应当追本溯源，每个违法环节都应受到法律的制裁。

李先生的赔偿问题，依据《农药管理条例》第六十四条，李先生既可以劣质农药的生产企业要求赔偿，也可以向农药经营者要求赔偿，在本案中，李先生既可以向 A 农药经营店或 B 公司索赔，也可以直接向生产企业索赔，李先生最终向本地的有实力的 B 公司索赔成功，效率和效果是最大化的。B 公司也可依据本法条向农药的生产商追偿。

案例二　经营过期农药　终被罚款

【案件经过】2018 年 7 月，某县农民张先生到县农业农村局投诉，称在某农药门市买到过期农药，已经使用，尚未造成损失，要求县农业农村局对此事进行查处。县农业农村局立即到某农药门市进行检查，结果发现了柜台上摆放有 3 种过期不到 1 个月的农药，执法人员要求立即下架，封存了全部过期农药，并立案处理。经调查，该门市老板为了节约成本，抱有侥幸心理，认为过期 1 个月半个月的农药不至于药效全无，不会造成损失，但殊不知已经触犯了法律。截至案发时，该门市已经销售了过期农药共计 3 200 元，通过该门市的销售台账执法人员联系上了部分过期农药的购买者，目前没有造成损失，还没有使用的准备退回。

县农业农村局依据《农药管理条例》第五十六条对该农药门市经营劣质农药的行为作出行政处罚：①没收了违法所得 3 200 元；②没收剩余劣质农药；③处以 8 000 元罚款。

【评析】本案最终定性是经营劣质农药案。虽然本案中使用过期农药没有造成损失，但是新修订的《农药管理条例》第四十五条第二款规定："超过农药质量保证期的农药，按照劣质农药处理。"因此，农药的经营者一旦销售了过期农药，无论是否造成农民损失，都将会按照经营劣质农药来处理，接受农业主管部门的处罚。

案例三　农药使用产生药害　谁来举证

【案件经过】2017 年因大棚蔬菜需要防治地下害虫，某县农民李某来到 A 农药经营店，店主张某向该户农民推荐了"苦参碱"农药，并保证"该药防治地下害虫效果很好，去年用过的都说效果不错"，于是农民李某购买了 4 袋该药，并按照店主介绍在大棚豆角上灌根使用，结果使用后，发现豆角停止生长，豆角结得很少，且无商品价值。另外，本村的其他数十户农民，也遇到了同样的情况，他们均都从店主李某处，购买了数量不等

"苦参碱"农药,分别用在了大棚茄子、辣椒上,凡用过该药的蔬菜均表现为停止生长、果实很少,且基本无商品价值。于是,数十户农民遂向店主张某反映了情况,认为"造成药害是因为使用了购买的苦参碱所致"。依据是:农户姜某的茄子地块,也使用了同样的苦参碱农药,用于灌根,茄子也停止生长!其中,姜某有四畦茄子未使用该药,结果未使用该药的茄子生长正常。因此,农户认定药害是购买使用的苦参碱引起的。

接到农户投诉后,店主张某,到受害农户地里进行了查看,但认为"该药不是第一年使用,去年表现很好,认为不是自己所卖的苦参碱的原因。并且认为所售出的药,大多数农户反映效果很好,没有药害,因此,认为可能是农户自己没按照自己的推荐的技术要求施药,很可能是在施药时,另外,加了其他药,才造成的药害"。

受害农户对店主张某的解释,不认可,认为"店主张某在推卸责任,并切否认自己在灌根时加了其他的农药,只用了店主张某推荐的药"。店主张某为了安抚受害农户,给了受害农户部分"芸薹素内酯"和部分叶面肥,要求农户,喷施以便解除药害。受害农户,喷施后,发现已过了十几天仍未出现受害症状缓解,认为损失已无法挽回,遂再次要求店主张某赔偿损失。张某认为"药不是我生产的,我向生产厂家B反映,让他们过来解决"。由于生产厂家迟迟不到,受害农户自己和经销商协商解决无望,受害农户遂联合向当地县农业执法部门报案。

县农业执法部门遂对农药经营者张某店内剩余的农药进行抽检。经检测该药的有效成分含量为零,被判定为假农药,遂对A经营店立案调查。经查:店主张某共购进该农药100千克,并将该药全部销售,销售额5 200元。

县农业农村局依据《农药管理条例》第五十五条对该农药门市经营假农药的行为做出行政处罚:没收违法所得5 200元,

并处以 20 000 元罚款。并向该药生产企业 B 所在地农业执法部门发去了协查函。

同时，县农业农村局对店主张某和受害农户进行了赔偿调解，经调解无效后，中止了调解。

B 生产企业所在地农业执法部门，经立案调查发现，假农药的生产是该生产企业员工，投料错误所致，生产数量，仅此次一批，并作出如下处罚：①没收违法所得 4 000 元；②罚款 3.5 万元。

由于假农药"苦参碱"给农民造成的损失超过 2 万元，已经涉嫌刑事犯罪，县农业农村局遂将案件移交给了当地公安部门。

该县公安部门遂立案。经调查取证，认定：A 经销商销售假农药、B 生产商生产、销售假农药情况属实。县检察院经审核无误，遂向该县法院提起公诉。

该县法院，经审理，依据刑法第一百四十七条之规定，作出如下判处：①A 经销商其行为，构成销售假农药罪，判处张某有期徒刑 7 年，并处罚金 10 400 元（因农业行政主管部门已对张某罚款 2 万元，此罚金不再缴纳）；②B 生产商其行为构成生产、销售假农药罪，判处丁某有期徒刑 10 年，并处罚金 10 400 元。

随后，14 户受害农户又向法院提起民事赔偿诉讼。要求 A、B 双方赔偿经济损失 52 万元。法院受理后，认为"原告农户，蔬菜生长不良、减产，与作物栽培管理措施不当、天气状况、农药使用均有关系。原告对于其使用苦参碱与其种植的蔬菜减产绝收是否存在因果性，未能提供有力证据。原告提供的其他证据，证据力明显不足。故不能认定原告所种植的蔬菜减产绝收和使用苦参碱农药之间存在因果关系。遂依据《中华人民共和国民事诉讼法》第六十四条之规定，驳回原告李某等 14 户农民的诉讼请求"。

受害农户李某等人认为法院判决不公，随后就药害症状咨询相关农业技术人员，相关技术人员从蔬菜药害症状看，认为很可能是控制生长类的植物生长调节剂农药所致。受害农户李某等要求县农业主管部门，对对封存的农药进行依法抽样检测。检测结果显示该药含有植物生长调节剂"多效唑"。受害农户遂将鉴定报告提交给法庭。该县法院认为鉴定结果合法、有效，虽责成农业部门组织专家开展药害原因鉴定和责成物价部门开展产量损失相关鉴定。两部门鉴定结论认为：A销售的苦参碱农药中掺入的"多效唑"是导致李某等农户蔬菜减产的主要原因，蔬菜种植户因药害造成经济损失52万元。法院依据上鉴定结论，作出改判：①原被告B农药生产企业赔偿李某等经济损失52万元的80%共计41.6万元；②某县A经销商承担连带责任，赔偿李某等经济损失52万元的20%，计10.4万元；③A经销商赔偿农户李某等误工损失10 284元；④诉讼费由A承担；⑤农户李某等自行承担其他损失。

【评析】本案是一起因生产、销售假农药而承担民事赔偿责任的案件。本案焦点在于举证责任的分配上，如果法院分配的举证责任不公平，则必然导致诉讼结果的不公正。

按照一审法院的判决，适用的是《中华人民共和国民事诉讼法》第六十四条以及《最高人民法院关于民事诉讼关于民事诉讼证据的若干规定》第一、第二条的规定，当事人有责任提供证据证据证明自己的主张。该规定明确了民事诉讼的一般举证原则，即通常所说的"谁主张谁举证"。但是，民事诉讼法、相关部门法以及相应的司法解释就部分侵权纠纷规定了举证责任倒置和对免责事由的举证责任。《最高人民法院关民事诉讼证据的若干规定》第四条第六项规定，缺陷产品导致他人损害的侵权诉讼，由产品的生产者就法律规定的免则事由承担举证责任。本案是由产品质量责任损害赔偿引起的纠纷，举证责任不能简单引用"谁主张谁举证"的规定，而应当适用举证责任倒置的特殊规定，既由被告 B 生产企业就法定免责事由承担举证责任。

另外，根据《农药管理条例》第二十七条规定：农药经营者应当向购买人正确说明农药的适用范围、使用方法和剂量、适用技术要求和注意事项，不得误导购买人。因此，农药经营者 A 明显没遵守此项规定，因为该药"苦参碱"标签上登记的适用范围，没有蔬菜！，因此属于误导购买人，应承担一定的民事责任；因此，主要过错方是生产企业 B，是其生产的苦参碱农药，因含有最作物有害成分"多效唑"，才导致了此次药害事故的发生，因此承担主要赔偿责任；经商 A，没有履行进货查验责任，购进假农药，没有正确履行告知义务，误导消费者使用导致产生药害，因此，也有不可推卸的责任，应承担次要赔偿责任。

另外，根据《农药管理条例》第三十四条规定：农药使用者应当严格按照农药标签标注的适用范围、使用方法和计量、适用技术要求和注意事项使用农药，不得扩大适用范围、加大用药剂量或者改变使用方法。该案中受害农户李某等人，明显没有遵守此项规定，使用农药时仅凭农药经营者的推荐，自己没有认真阅读标签内容，因此，也有过错，应承担部分损失。

【法规提示】《中华人民共和国侵权责任法》第五章产品责任中相关内容如下。

第四十一条　因产品存在缺陷造成他人损害的，生产者应当承担侵权责任。

第四十二条　因销售者的过错使产品存在缺陷，造成他人损害的，销售者应当承担侵权责任。销售者不能指明缺陷产品的生产者也不能指明缺陷产品的供货者的，销售者应当承担侵权责任。

第四十三条　因产品存在缺陷造成损害的，被侵权人可以向产品的生产者请求赔偿，也可以向产品的销售者请求赔偿。产品缺陷由生产者造成的，销售者赔偿后，有权向生产者追偿。因销售者的过错使产品存在缺陷的，生产者赔偿后，有权向销售者追偿。

刑法第一百四十七条规定：生产假农药、假兽药、假化肥，销售明知是假的或者失去使用效能的农药、兽药、化肥、种子，或者生产者、销售者以不合格的农药、兽药、化肥、种子冒充合格的农药、兽药、化肥、种子，使生产遭受较大损失的，处3年以下有期徒刑或者拘役，并处或者单处销售金额50%以上2倍以下罚金；使生产遭受重大损失的，处3年以上7年以下有期徒刑，并处销售金额50%以上2倍以下罚金；使生产遭受特别重大损失的，处7年以上有期徒刑或者无期徒刑，并处销售金额50%以上2倍以下罚金或者没收财产。

《最高人民法院、最高人民检察院关于办理生产、销售伪劣商品刑事案件具体应用法律若干问题的解释》相关内容如下。

第七条规定：刑法第一百四十七条规定的生产、销售伪劣农药、兽药、化肥、种子罪中"使生产遭受较大损失"，一般以2万元为起点；"重大损失"，一般以10万元为起点；"特别重大损失"，一般以50万元为起点。

案例四 使用禁用农药 种植户被判刑

【案件经过】2017年8月24日，寿光市圣城街道养殖户王某报警称，自家养殖的羊死亡100多只，损失价值约15万元，怀疑羊是被人投毒致死。同日，寿光市公安局又收到了养殖户刘某报警，称自己家养殖的羊死亡41只。公安机关受理后发现，上述两人养殖的羊在死亡前均喂食过从村民李玉某处收来的大葱叶。后经寿光市质量检验检测中心检测，王某、刘某从李玉某处拉来喂食羊的葱叶内含有甲拌磷成分。甲拌磷作为一种高毒农药，在2002年农业部便已公告禁止在蔬菜、果树、茶叶、中药材上使用。

寿光市公安局迅速立案侦查，发现辽宁省沈阳大葱种植户孟文某有重大作案嫌疑，遂将其抓获归案。据了解：为控制大葱病虫害，种植户孟文某安排孟凡某将甲拌磷等剧毒农药使用机械灌溉、喷洒到正在生长的大葱上。1 周后，将大葱外销至山东省寿光市大葱经销户董守某。董守某将该批大葱转手倒买给寿光市蔬菜经销户李玉某等人，他们将大葱剥皮、去叶，加工后储存在蔬菜冷冻库。因收购的大葱还未流通至市场销售，这些收购商未对大葱进行质量检测。

王某、刘某等人将商户加工时摘除的葱叶、葱皮，用于喂养养殖的羊，造成养殖户 100 余只羊死亡。至此案情大白。

案发后，孟文某家属对被害人赔偿了经济损失 18.8 万元，取得了被害人的谅解。寿光市相关部门组织对问题大葱进行了集中销毁。

2017 年 9 月 22 日，寿光市检察院以涉嫌生产、销售有毒、有害食品罪依法批准逮捕犯罪嫌疑人孟文某。孟凡某受孟文某雇用，仅参与了种植大葱的生产管理，未实施销售大葱的行为，对其不批捕。

寿光市法院作出一审判决，认定被告人孟文某犯生产、销售有毒、有害食品罪，鉴于其有自首情节，案发后积极赔偿被害人损失并获得谅解，认罪态度好，有悔罪表现，从轻判处其有期徒刑 7 个月，并处罚金 8 万元；被告人孟凡某犯生产有毒、有害食品罪，判处有期徒刑 6 个月，并处罚金 5 万元。

【评析】生产销售有毒有害食品罪是指生产者、销售者违反国家食品卫生管理法规，故意在生产、销售的食品中掺入有毒、有害的非食品原料的或者销售明知掺有有毒、有害的非食品原料的食品的行为。该案中大葱种植户孟文广将国家明令禁止在蔬菜上使用的农药甲拌磷用在蔬菜上，属于故意在大葱（大葱属于食用农产品）生产过程中加入有毒有害非食品原料的行为，并将该有毒产品销售了出去，因此，构成了"生产销售有毒有害食品罪"；而其雇用的孟凡江，只是将甲拌磷使用在了大葱上，没有参与大葱的销售，因此，指构成了"生产有毒有害食品罪"。

【法规提示】《刑法》第一百四十四条在生产、销售的食品中掺入有毒、有害的非食品原料的，或者销售明知掺有有毒、有害的非食品原料的食品的，处5年以下有期徒刑或者拘役，并处或者单处销售金额50%以上2倍以下罚金；造成严重食物中毒事故或者其他严重食源性疾患，对人体健康造成严重危害的，处5年以上10年以下有期徒刑，并处销售金额50%以上2倍以下罚金；致人死亡或者对人体健康造成特别严重危害的，依照本法第一百四十一条的规定处罚。

《最高人民法院、最高人民检察院关于办理危害食品安全刑事案件适用法律若干问题的解释》第一条规定：生产、销售不符合食品安全标准的食品，具有下列情形之一的，应当认定为刑法第一百四十三条规定的"足以造成严重食物中毒事故或者其他严重食源性疾病"：（一）含有严重超出标准限量的致病性微生物、农药残留、兽药残留、重金属、污染物质以及其他危害人体健康的物质的……

《最高人民法院、最高人民检察院关于办理危害食品安全刑事案件适用法律若干问题的解释》第八条规定：在食品加工、销售、运输、贮存等过程中，违反食品安全标准，超限量或者超范围滥用食品添加剂，足以造成严重食物中毒事故或者其他严重食源性疾病的，依照刑法第一百四十三条的规定以生产、销售不符合安全标准的食品罪定罪处罚。

在食用农产品种植、养殖、销售、运输、贮存等过程中，使用禁用农药、兽药等禁用物质或者其他有毒、有害物质的，适用前款的规定定罪处罚。

案例五　经营无标签农药被罚款

【案件经过】2018 年 4 月 2 日，某县农业局执法人员一行 5 人到该县某农资经营部进行检查，在其农药仓库发现未附具标签的水剂农药，经询问当事人贾某，说是百草枯，无进货发票。执法人员依法对涉案物品进行了登记保存。当日，该县农业局批准依法立案。

2018 年 4 月 10 日对当事人进行了调查询问，当事人供述：2017 年 11 月又不明来历人员上门兜售百草枯农药，自己贪图便宜，从上门人员手中进货 10 箱，进价 265 元/箱，共计 2 650 元，自己还没有销售，就被查获了。

县农业农村局依据《农药管理条例》五十五条的规定，该农药门市经营无标签农药的行为（按经营假农药处理）做出行政处罚，没收购进的无标签农药，没收用于违法经营的工具、设备，并处 5 000 元罚款。

【评析】根据《农药管理条例》第四十四条的规定，认定贾某经营的未附具标签的农药，为假农药；又依据《农药管理条例》第五十五条之规定作出如下处罚：①责令贾某停止违法经营行为；②没收购进的假农药及用于经营的设备；③罚款 5 000 元。由于贾某刚购进假农药没有销售，也没有造成生产损失等其他严重后果，因此，属于情节不严重，没有给预期吊销农药经营许可证的处罚。

【法规提示】《农药管理条例》第四十四条规定：有下列情形之一的，认定为假农药：

（一）以非农药冒充农药。

（二）以此种农药冒充他种农药。

（三）农药所含有效成分种类与农药的标签、说明书标注的有效成分不符。

禁用的农药，未依法取得农药登记证而生产、进口的农药以及未附具标签的农药，按照假农药处理。

《农药管理条例》第五十五条规定：农药经营者有下列行为之一的，由县级以上地方人民政府农业主管部门责令停止经营，没收违法所得和违法经营的农药和用于违法经营的工具、设备等，违法经营的农药货值金额不足1万元的，并处5 000元以上5万元以下罚款，货值金额1万元以上的，并处货值金额5倍以上10倍以下罚款；构成犯罪的，依法追究刑事责任：

（一）违反本条例规定，未取得农药经营许可证经营农药。

（二）经营假农药。

（三）在农药中添加物质。

有前款第二项、第三项规定的行为，情节严重的，还应当由发证机关吊销农药经营许可证。

取得农药经营许可证的农药经营者不再符合规定条件继续经营农药的，由县级以上地方人民政府农业主管部门责令限期整改，逾期拒不整改或者整改后仍不符合规定条件的，由发证机关吊销农药经营许可证。

第十章　农药管理新政问答

2017 年重新修订发布《农药管理条例》，在农药的生产、经营、使用、监督管理等方面发生了巨大的变化，因此，管理人和管理相对人都需要了解。在此，编者整理了发表于农业部农药检定所主办的、中国科技核心期刊《农药科学与管理》上的，农药行业各专家对农药管理新政的解答，供大家学习、研究。

一、如何判定申请农药生产企业是否属于新设农药生产企业？

答：申请农药生产许可的企业，选择相应的农药生产许可申请表，明确其所申请生产许可的类型及是否为新设立农药生产企业。在取得所在辖区省级农业主管部门核发农药生产许可证之前，如果声明为非新设立农药生产企业首次向农业主管部门申请生产许可，申请人应当附具已经取得且处于有效状态的农药生产许可证件复印件，并加盖申诸人公章，包括工业与信息化部发放的农药生产批准证书，或者国家质检总局发放的农药生产许可证。

省级农业主管部门根据其核发的农药生产许可证数据，结合申请人所提供的相关材料进行核查。

二、新修订的《农药管理条例》实施后，生产企业原来的标签还可以用吗？

答：《农药标签和说明书管理办法》第四十二条规定"现有

产品标签或者说明书与本办法不符的，应当自 2018 年 1 月 1 日起使用符合本办法规定的标签和说明书。"生产企业可以使用原来的标签至 2017 年 12 月 31 日。2018 年 1 月 1 号以后生产的农药产品，应当符合新修订的《农药标签和说明书管理办法》的规定。

三、如果制剂大包装中套 2 ~ 3 个小包装，如何设计才能符合农药标签管理规定？

答：每一个小包装上的标签都要符合《农药标签和说明书管理办法》的规定。农药包装要符合《农药包装通则》等要求。

四、农药说明书上是否必须标注二维码？

答：根据《农药标签和说明书管理办法》第八条、第二十四条和《农药标签二维码管理规定》（农业部公告第 2579 号），农药产品标签上应当标注二维码。根据《农药标签和说书管理办法》第十条，农药标签过小，无法标注规定全部内容的，应当至少标注农药名称、有效成分含量、剂型、农药登记证号、净含量、生产日期、质量保证期等内容，同时，附具说明书。说明书应当标注规定的全部内容。

如果农药产品标签过小（如产品标签上无法标注二维码等信息）附具说明书的，说明书上必须标注二维码。

五、二维码在标签上标注的具体位置有要求吗？添加二维码后，核准标签是否需要重新备案？

答：《农药标签和说明书管理办法》和农业部 2579 号公告，并没有明确标签上二维码标注的具体位置要求。但是企业在印制二维码时，要保证二维码能扫描操作和识读，并在生产和流通的各个环节正常使用。

农药标签上的二维码属于自主标注的内容。添加二维码后，不需要向农业部申请重新申请核准标签。

六、全国农药质量追溯系统的网址是什么？企业如何利用该系统实现农药产品可追溯？应注意什么？

答：全国农药质量追溯系统的网址为 https：//www.icama.cn。

农药企业（农药登记证持有人）可以自愿免费使用该系统，按照农药登记产品申请农药产品追溯码的信息串（追溯网址+单元识别代码）。企业从该系统下载生成的信息串文件后，负责印制成标签二维码（可以在制作印刷标签的同时印制，也可以使用其他方式如在生产线上喷印等）。印制二维码后即可以扫码识别（如使用微信等扫码）。一般来说，企业申请追溯码时还不知道具体的生产信息，因此此时扫码显示的信息没有生产批次、质量合格信息等内容。企业应当在产品出库时/后，及时向该系统上传相关生产信息数据，以满足《农药标签二维码管理规定》（农业部 2579 号公告）的规定要求。

农药企业应当确保追溯信息文件及印制的产品标签二维码的安全，避免丢失或被其他不法企业使用。

七、如何判定申请农药生产许可证的企业是否属于新设农药生产企业？

答：申请农药生产许可的企业，应当选择相应的农药生产许可申请表，明确其所申请生产许可的类型及是否为新设立农药生产企业。

在取得所在辖区省级农业主管部门核发农药生产许可证之前，如果声明为非新设立农药生产企业首次向农业主管部门申请生产许可，申请人应当附具已经取得且处于有效状态的农药生产

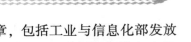

许可证件复印件，并加盖申请人公章，包括工业与信息化部发放的农药生产批准证书，或者国家质检总局发放的农药生产许可证。

省级农业主管部门根据其核发的农药生产许可证书据，结合申请人所提供的相关材料进行核查。

八、新设立的农药生产企业申请农药生产许可证有什么特殊要求？

答：按照《农药生产许可管理办法》第八条的规定，新设立化学农药生产企业应当在省级以上化工园区内建厂；新设立非化学农药生产企业、家用卫生杀虫剂企业，应当在地市级以上化工园区或工业园区内建厂。

九、企业没有相应剂型的农药产品取得登记，申请农药生产许可时，如何准备三批次生产运行原始记录？

答：企业申请某类剂型的农药生产范围，不一定要取得该剂型相应的农药产品登记。因此，企业可根据所拟申请生产的剂型，选择某个典型产品进行试生产运行，合格后提供相应的3批次生产运行原始记录【举例来说，企业申请水散粒剂生产范围，但企业登记的产品只有可湿性粉剂或悬浮剂，没有水分散粒剂的登记产品，可以选择其他企业已登记的一个水分散粒剂产品进行3批次试生产，并在申请时提供相关材料】。

十、家用卫生杀虫剂生产企业申请生产许可有什么特别要求？

答：与新设立化学农药生产企业相比，《农药生产许可管理办法》适当降低了对家用卫生杀虫剂生产企业生产厂址的要求，新设立的家用卫生杀虫剂企业应当地市级以上化工园区或工业园区内建厂，属于迁址的，也应当进入地市级以上化工园区或工业园区。

十一、哪些企业可以申请化学农药制剂生产范围？

答：按照《农药生产许可管理办法》第八条规定，以下企业可以申请化学农药制剂生产范围。

（1）已取得化学农药制剂的生产许可证或生产批准证书且处于有效状态的农药生产企业。

（2）生产地址在省级以上化工园区的已有非化学农药生产企业。

（3）生产地址在省级以上化工园区的新设立农药生产企业。

十二、农药生产企业迁址有什么要求？

按照《农药生产许可管理办法》第十四条规定，农药生产企业迁址的，应当新申请农药生产许可证；化学农药生产企业迁址的，还应当进入市级以上化工园区或工业园区。

十三、已有杀鼠剂的制剂生产企业迁址，是否也同化学农药一样必须进入工业园区？

答：《农药管理条例》及相关配套规章没有对杀鼠剂产品的生产作出特别规定。因此，申请其生产许可或迁址，应当符合相应类型农药生产许可的规定。

杀鼠剂绝大部分为化学农药，有少数属于植物源农药等。农药生产企业应当根据其所生产的杀鼠剂类型确定迁址要求：完全属于非化学农药的，按非化学农药生产企业迁址的规定办理，有化学农药的，按化学农药生产企业迁址要求办理。

十四、《农药生产许可管理办法》第八条中"新增化学农药生产范围"具体指的是什么？如何理解第十三条中"缩小生产范围的"？

答：《农药生产许可管理办法》第八条中"新增化学农药生产范围的"，指的是农药生产企业原来仅取得非化学农药的生产许可范围，现拟增加化学农药生产。

《农药生产许可管理办法》第十三条中"缩小生产范围的"，是指农药生产企业已取得一定生产范围的农药生产许可证，但因不再具备某些生产范围的生产条件，或不想再进行某些生产范围的农药产品生产，主动向省级农业主管部门申请减少某些原药（或者母药）、剂型的生产。

十五、一个企业可以在不同区域拥有多个生产地址吗？拥有多个生产地址的企业的农药生产许可证是一个生产许可证号吗？

答：按照《农药生产许可管理办法》第五条规定，农药生产许可证实施一企一证管理，一个产企业只能有一个生产许可证。

一个农药生产企业可以在发证机关管辖的行政区域内，拥有多个生产地址。省级农业主管部门将在农药生产许可证中，注明每个生产地址的农药生产许可范围。

十六、委托农药加工、分装有什么要求？

答：根据《农药管理条例》第十九条规定，委托方应当取得待委托加工或分装产品的农药登记证，受托方应当取得相应的农药生产许可范围。

原药（母药）不得委托加工分装。向中国出口农药的，其产品循序委托具有相应农药生产范围的农药企业分装。

十七、农药生产企业已取部颁发的农药生产批准证书或国家质检总局的农药生产许可证，能否接受相应剂型的农药产品委托加工或分装？

答：工信部颁发的农药生产批准证书或国家质检总局的农药生产许可证，明确了所生产农药的有效成分、剂型和有效成分含量，与新制订的《农药管理条例》和《农药生产许可管理办法》规定，省级农业主管部门按制剂剂型确定生产范围有较大的区别。因此，已取得工信部颁发农药生产批准证书或国家质检总局颁发农药生产许可证的农药生产企业，仅能受托加工或分装相应农药生产批准证书或农药生产许可证上指定的产品。

十八、外贸公司没有取得产品的农药登记证，能否委托具有相应剂型生产许可范围的农药生产企业加工农药用于出口？

答：根据《农药管理条例》第十九条规定"委托加工、分装农药的，委托人应当取得相应的农药登记证，受托人应当取得农药生产许可证。"外贸公司没有取得农药登记证，农药生产企业不能接受其委托，加工或分装农药。

十九、委托农药加工、分装的农药标签有什么特殊要求？

答：与本企业生产的农药产品标签相比，委托加工、分装农药产品的标签有特殊要求，应当同时标注以下信息。

（1）委托人的农药登记证号、产品质量标准号及其联系方式。

（2）受托人的农药生产许可证号、受托人名称及其联系方式。

（3）委托分装的农药，产品标签上应当同时标注加工日期、批号以及分装日期。

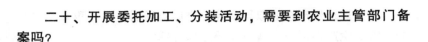

二十、开展委托加工、分装活动，需要到农业主管部门备案吗？

答：符合委托加工、分装条件的，委托方与受委托方可以签订合同等，确定委托加工、粉状关系，不需要到农业主管部门备案。但委托方应当在每季度结束之日起 15 日内，将上季度委托加工、分装产品的生产销售数据上传至农业部规定的农药管理信息平台。

二十一、已取得农药登记证但无生产批准证的，可以生产、经营相应的农药产品吗？

答：向中国出口农药的企业，可以不在标签上标注农药生产许可证号，取得农药登记证后，其产品可以在中国销售，或者委托农药生产企业分装，在中国销售。

中国境内的农药登记证持有人，包括农药生产企业、新农药研制者，或者已取得农药登记证但无生产批准证的，一是可以申请办理相应生产范围的农药生产许可证后，自己生产经营；二是可以委托具有相应生产范围的农药生产企业加工后，再进行销售。

二十二、新修订的《农药管理条例》实施后，生产企业原来的标签还可以用吗？

答：《农药标签和说明书管理办法》第四十二条规定，"现有产品标签或者说明书与本办法不符的，应当自 2018 年 1 月 1 日起使用符合本办法规定的标签和说明书。"生产企业可以使用原来的标签至 2017 年 12 月 31 日。在 2018 年 1 月 1 号以后生产的农药产品，其标签应当符合《农药标签和说明书管理办法》的规定。

二十三、生产企业取得农药生产许可证后，再变更其生产范围，农药生产许可证的有效期限如何计算？

答：生产企业取得农药生产许可证后，除延续外，在农药生产许可证有效期内申请变更生产范围或者变更许可证的其他内容，省级农业主管部门重新核发农药生产许可证，但其有效期不变。

二十四、某企业选择杀虫剂为申报载体，已经取得了悬浮剂的生产范围，如果未来要生产除草剂悬浮剂，是否要重新申请扩大生产许可范围？

答：《农药生产许可管理办法》第十二条规定，农药生产许可证的生产范围按照原药（母药）品种、制剂剂型（同时区分化学农药或者非化学农药）进行标注。省级农业主管部门核发的农药生产许可证许可范围，农药制剂按照剂型标注，不再区分杀虫、杀菌和除草剂等类别。企业已经取得了悬浮剂的生产许可范围，如果未来要生产除草剂悬浮剂时，不需要重新申请。但是农药生产企业应当按照《农药生产许可管理办法》的要求，合理布局厂房，除草剂与杀虫剂、杀菌剂的生产布局，要求相对隔离。

二十五、以取得农药登记证但未取得生产许可或批准证书的，其申请农药生产许可证时，是按照新设立农药生产企业还是按已有农药生产企业申请？

答：《农药生产许可管理办法》第三十条规定，在该办法实施前以取得农药登记证但未取得生产许可或者批准证书，需要继续生产农药的，应当在该办法实施之日起2年内取得农药生产许可证。

《农药生产许可审查细则》第三十二条对其进行了细化，明确该类农药登记证持有人申请农药生产许可证时，应该按照新设立的农药生产企业申请。

二十六、企业已取得工信部核发的农药生产许可证件，现想增加农药生产许可范围，如何申请？

答：农药生产企业应当按照《农药生产许可管理办法》规定，根据生产范围向省级农业主管部门提出申请。

二十七、在县级化工园区的化学农药生产企业，可以新增化学农药原药生产吗？

答：根据《农药生产许可管理办法》，现有的化学农药生产企业可以新增制剂加工生产范围。要新增原药品种生产，所在地应当在地市级以上的化工园区或工业园区。

二十八、新增农药生产企业是否有数量限制？是否只要符合《农药生产许可管理办法》的条件，企业就可以申请农药生产许可证？

答：《农药管理条例》和《农药生产许可管理办法》规定了农药生产许可的条件，没有限制批准农药生产许可的数量。因此，符合条件的企业，均可以申请农药生产许可证。

二十九、申请母药生产许可时，如何核查该农药登记情况？

答：农药登记分为原药（母药）和制剂两大类。一般情况下，申请人应当申请原药登记；申请母药登记，应当说明生产母药的理由（主要指因技术和安全等原因，不能申请原药登记的特殊情形）。

为避免省级农业主管部门对申请母药生产许可的审批结果与

农业农村部对母药登记的审批意见发生冲突，《农药生产许可审查细则》（农业部公告第 2568 号）第三十三条规定，"申请农药生产范围为母药的，应当核查该农药登记情况。"该公告的附件1，《农药生产许可审查表（适用于原药和母药）》的"六、其他要求"中明确，"生产范围为母药的，该农药的母药，应当已有企业在我国取得农药登记。"在生产许可审查审批时，应当"查验该农药母药的登记情况"，即该农药母药是否已有申请人取得登记，并不限定为农药生产许可申请人。但申请企业在未取得该农药母药的登记证之前，仍不能从事该母药农药母药的生产。

三十、原已取得农药登记证但未取得农药生产许可证书或者农药生产许可证的卫生杀虫剂企业，应当何时申请农药生产许可证件？

答：根据《农药生产许可管理办法》第三十条第三款和《农药登记管理办法》第四十条第二项的规定，已取得农药登记证但未取得农药生产批准证书或者农药生产许可证的企业，可以随时申请农药生产许可证。但自《农药生产许可管理办法》实施之日起 2 年内，仍未取得省级农业主管部门核发的农药生产许可证的境内农药登记证持有人，农业农村部将依法注销其原已取得的农药登记证。

三十一、已有的农药登记证标注的剂型与新颁布实施的国家标准《农药剂型名称及代码》（GB/T 19378—2017）不一致的，企业按哪个剂型名称申请农药生产许可范围？

答：新颁布实施的国家标准《农药剂型名称及代码》（GB/T 19378—2017），对部分剂型名称及代码进行了修订，但该标准为推荐性国家标准。已有的农药登记证标注的剂型与该国家标准不一致的，企业可按登记产品的剂型，申请相应的农药生产范围。

三十二、境外企业能否将在中国药登记的资料转让给境内农药生产企业？

答：《农药管理条例》第十四条规定，农药登记资料的转让人是新农药研制者或农药生产企业，不包括境外企业。但境外企业可以将其获得农药登记产品的登记资料授权给农药登记证申请人。

三十三、农药登记资料的授权与转让有什么区别？

答：根据《农药管理条例》第十条、第十四条以及《农药登记管理办法》第十八条规定，农药登记资料授权与农药登记资料转让的性质不同。农药登记资料授权不具有排他性，即当事人可以将农药登记资料授权给多人，当事人的农药登记证并不注销。农药登记资料转让是排他性的，即只能转让给一个受让人，转让实现后，转让人的农药登记证予以注销，受让人利用原有的农药登记试验资料等申请农药登记。

三十四、农药登记资料保护和农药的专利保护有什么区别？

答：农药登记资料保护和农药专利保护是 2 种不同的保护制度，主要区别如下。

（1）保护对象不同。农药登记资料保护的对象是登记资料，即企业已向农业部门提供的试验资料在 6 年内，未经登记证持有人同意，不可由其他申请人借用或公开；专利保护的对象是农药产品、生产工艺、产品配方及包装设计等。

（2）保护属性不同。农药登记资料保护不具有排他性或独占性，其他申请人在提供独立完成的试验资料后，也可以申请农药登记。但对已获得专利保护的产品，申请人拥有排他权或独占权，其他申请人不得进行以营利为目的的生产或经营活动。

（3）保护的起止时限不同。农药登记资料保护权仅限申请农药登记者，保护期从其取得农药登记之日起6年，是固定的，并不因该农药登记的有效状态而发生变化。而专利权保护状态是动态的、不稳定的，专利产品随时可能因专利无效裁决、申请人自动放弃、未交专利费等原因而失效。

（4）保护的范围不同。农药登记资料保护的范围是新农药化合物。而我国农药专利保护类型主要有产品专利、方法专利和用途专利三大类。产品专利包括农药化合物专利和农药组合物专利，方法专利包括化合物和组合物的制备方法，用途专利包括化合物和组合物的用途等。

三十五、对已取得专利权的农药，能否批准非专利权人申请相关农药产品登记?

答：农业农村部批准农药登记，主要对农药的有效性和安全性审查，并根据有关法律的规定对涉及知识产权等履行告知义务。

（1）《专利法》等规定，知识产权部门或人民法院负责对是否侵犯他人专利权进行审查。

（2）《行政许可法》规定，行政审批机关在办理行政许可时，对涉及侵权他人知识产权的，要履行告知义务。因此，申请人在申请农药登记时应当就是否侵犯他人知识产权作出说明，并承诺相应的法律责任；在收到农药登记主管部门的涉嫌侵权告知书后，应当重新及时地作出书面说明。

三十六、农药新剂型和新混配制剂是否属于新农药的组成部分?

答：根据《农药登记管理办法》第四十七条规定，新农药是指含有的有效成分尚未在中国批准登记的农药，包括新农药原药（母药）和新农药制剂。《农药登记资料要求》规定，新剂型，是指含有的有效成分与已登记过的有效成分相同，剂型发生了改变；新混配制剂是指含有的有效成分和剂型与已登记过的相同，而首次混配2种以上农药有效成分的制剂或虽已有相同有效成分混配产品登记，但配比不同的制剂。因此，农药新剂型和新配比不能按新农药对待。

三十七、新农药首家登记成功后，其他厂家在新农药登记资料保护期内申请办理该农药的登记，是否仍然需要原药、制剂同时办理？

答：农药登记对原药和制剂所要求的资料不同，评价的内容也不相同。申请新农药登记的，应当同时申请原药和制剂登记，以便对该有效成分进行综合评价，确定其是否属于农药、是否能批准作为农药。

新农药被批准登记后，也确认其有效成分属于农药，虽然该有效成分仍处于登记资料保护期内，但可以分别申请原药、制剂登记。

三十八、制剂生产企业原药来源厂家可以更换吗？变更原药来源厂家是否需要备案？

答：农药制剂企业取得农药登记后，可以更换农药原药来源，且不需要向农药登记管理机构办理备案，但应当保障所采购的农药原药在我国已取得农药登记，境内农药生产企业农药生产许可证的生产范围还应当包含此原药。根据《农药管理条例》第二十条的规定，农药制剂企业采购生产原料前，应当查验该原料的质量和相应的许可证件，并保存原料采购记录。违反该规定的，将按《农药管理条例》第五十三条的规定，没收该原料，

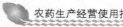

违法生产的产品货值金额不足 1 万元的，并处 1 万元以上 2 万元以下罚款，货值金额 1 万元以上的，并处货值金额 2 倍以上 5 倍以下罚款。《农药管理条例》中所指的生产原料包括农药原药。

三十九、申请原药登记时，是否需要提交该原药的农药生产许可证件？

答：农药申请人如果符合《农药管理条例》和《农药登记管理办法》有关农药登记申请人的要求，申请农药原药登记，可以不受其是否取得相应农药生产许可证的限制。

但农药登记证持有人在取得农药登记证后，在本企业的农药生产许可证生产范围不包括该原药时，仍不能生产该原药，也不能委托其他企业生产。

四十、集团总公司是否可以向子公司转移农药登记证？

答：从法律上看，集团总公司与子公司属于两个独立的法律主体。农药登记机构将其与其他公司平等对待。

农药登记证属于国家机关颁发的证件，不能转让。集团公司可以将已登记农药的登记资料授权或转让给子公司办理相应产品的登记，也可以委托子公司加工或分装。

四十一、新《农药管理条例》实施后，对于已取得农药登记证，但不具备农药生产批准证书或生产许可证的原药，农药生产企业是否可以申请该原药的农药登记证延续？

答：如果农药登记证持有人拥有的其他产品的农药生产许可证或生产批准证书在有效状态，或者按照《农药生产许可管理办法》取得了新的农药生产许可证，可以申请农药登记延续。但农药登记证持有人在未取相应原药生产许可范围时，不能从事该原药的生产。

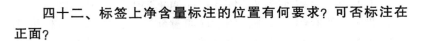

四十二、标签上净含量标注的位置有何要求？可否标注在正面？

答：根据《农药标签和说明书管理办法》第十五条，净含量应当使用国家法定计量单位表示，如科、毫升。对于特殊的农药产品，可根据其特性以适当方式表示。净含量具体标注位置没有特殊的规定，可以标注在标签的正面或反面。

四十三、杀鼠剂产品是否要加"防伪标识"？

答：《农药标签和说明书管理办法》第八条、第二十四条规定，在农药标签上应当标注"可追溯电子信息码"。农药标签上的可追溯电子信息码以二维码等形式标注，通过扫描二维码即可查询到农药名称和农药登记证持有人名称等相关信息。信息码不得含有违反本办法规定的文字、符号及图形。

农药可追溯电子信息码是具有防伪标识的一种形式。杀鼠剂产品标签上可不另加防伪标识，但要标注规定的杀鼠剂图形。

四十四、横版标签有的分为三栏。对此种情形，商标应当放置在中间栏部分的四角还是整个完整标签的四角？

答：《农药标签和说明书管理办法》规定，注册商标应当标注在标签的四角，所占面积不得超过标签面积的 1/9，商标文字部分的字号不得大于农药名称的字号。

对于分为三栏的横版标签，标签的四角是指将标签平铺后，完整断面标签的四角，而不是中间部分的四角。

四十五、向中国出口的农药，标签上需要标注产品质量标准号吗？

答：根据《农药标签和说明书管理办法》第八条、第十条、

第三十七条，农药标签应当标注产品质量标准号。对境内农药生产企业生产的农药，其标注的产品质量标准号，应当符合标准化法的相关规定；对境外企业生产的农药，其产品质量标准号由企业自主标注。农药登记证持有人应当对真实性负责。农药标签过小，无法标注规定全部内容的，要在说明书上标注。

四十六、农药标签和说明书上可以标注批准的登记作物和防治对象的图形吗？

答：《农药标签和说明书管理办法》二十六条规定："标签和说明书不得标注任何带有宣传、广告色彩的文字、符号、图形。"《农药标签和说明书管理办法》第三十五条规定，标签和说明书上不得出现未经登记批准的使用范围或者使用方法的文字、图形、符号。农药登记证持有人可以在标签和说明书上标注农业农村部批准登记的作物和防治对象图形，并对其科学性、真实性负责。

四十七、标签上字号最大的内容应该是什么？

答：根据《农药标签和说明书管理办法》第三十一条、第三十三条，标签上最大的字号首先应该是"限制使用"字样（限制使用农药标签），首先应当大于或等于农药有效成分名称；其次应该是"农药有效成分名称"；再次应该是"商标"，应小于等于农药有效成分名称。这3项内容字号可以相同成为标签上字号最大的内容。

四十八、农药标签和说明书标注的哪些内容经核准后不得擅自改变？哪些内容企业可以自主标注？

答：根据《农药标签和说明书管理办法》第三十七条、第三十八条，产品毒性、注意事项、技术要求等与农药产品安全性、有效性有关的标注内容经核准后不得擅自改变，农药登记证持有人变更标签或者说明书有关产品安全性和有效性内容的，应当向农业农村部申请重新核准。许可证书编号、生产日期、企业联系方式等产品证明性、企业相关性信息由企业自主标注，并对真实性负责，自主标注的内容在农药登记时不审查，企业也不需要备案。

四十九、安全间隔期和最多使用次数的标注有什么具体要求？

答：

（1）安全间隔期和最多使用次数应当标注在使用技术要求中。《农药标签和说明书管理办法》第十八条、第三十二条规定，使用技术要求主要包括施用条件、施药时期、次数、最多使用次数，对当茬作物、后茬作物的影响及预防措施以及后茬仅能种植的作物或者后茬不能种植的作物、间隔时间等。限制使用农药，应当在标签上注明施药后设立警示标志，并明确人畜允许进入的间隔时间。

（2）安全间隔期及施药次数应当醒目标注，字号大于使用技术要求其他文字的字号。

（3）下列农药可以不标注安全间隔期：用于非食用作物的农药；拌种、包衣、浸种等用于种子处理的农药；用于非耕地（牧场除外）农药；用于苗前土壤处理剂的农药；仅在农作物苗期使用一次的农药；非全面撒施使用的杀鼠剂；卫生用农药；其他特殊情形。

五十、委托加工产品标签上企业的相关信息如何标注？对已批准农药登记的产品，拟委托加工的。是否需要重新核准标签或办理备案？

答：根据《农药标签和说明书管理办法》第八条、第九条、

第十条，委托加工或者分装农药，应当在标签上标注委托人的企业名称及其联系方式、农药登记证号、产品标准号，受托人的农药生产许可证号、企业名称及其联系方式和加工、分装日期。根据《农药标签和说明书管理办法》第三十七条，上述需要标注的受托人信息均属于自主标注的内容，真实性由企业负责，因此，拟委托加工产品的核准标签不需要重新备案。

五十一、联系方式是否要同时标注经营场所和厂址？

答：根据《农药标签和说明书管理办法》第十二条，联系方式包括农药登记证持有人、企业或者机构的住所和生产地的地址等。因此，对住所与生产厂址不同的，农药生产企业应当将两项信息同时标注，并对其真实性负责。经营场所可以标注，但必须保证标注内容的真实性。

五十二、限制使用农药是否包括混配制剂？2018年1月1日后生产的限制使用农药产品，在标签上是否必须增加"限制使用"标识？

答：原农业部公布的《限制使用农药名录（2017版）》中所列出的限制使用农药，是指以该农药品种为有效成分的所有农药产品，不仅包括单剂，还包括含有这个有效成分的复配制剂。

根据《农药标签和说明书管理办法》第九条、第四十二条，限制使用农药应当标注"限制使用"字样，在注意事项中标注清楚产品使用的特别限制和特殊要求。自2018年1月1日起生产的农药产品，标签要符合本《农药标签和说明书管理办法》的规定。

五十三、限制使用农药的标签还需要标注具体的限制范围吗？如需要，标在什么位置？变动后的标签是否需要变更？

答：根据《农药标签和说明书管理办法》第九条、第十八条、第三十三条，限制使用农药标签上必须醒目标注"限制使用"字样，在注意事项中标注清楚产品使用的特别限制和特殊要求、施药后设立警示标志以及人畜进入的间隔时间。

增加产品的限制使用范围等内容，属于修改产品安全性和有效性内容，需要向农业农村部申请重新核准内容办理变更。

五十四、标签已经标注所有需要标注的内容，是否还需要附具说明书？

答：根据《农药标签和说明书管理办法》第十条，农药标签过小，无法标注规定全部内容的，应当至少标注农药名称、有效成分含量、剂型、农药登记证号、净含量、生产日期、质量保证期等内容，同时附具说明书。说明书应当标注规定的全部内容。

如果标签已经标注了《农药标签和说明书管理办法》第八条规定的全部内容，可以不附具说明书。

五十五、最小包装（最小销售单位）太小，无法标注规定的全部内容，能否在上级包装上打印？

答：最小包装是指销售给使用者的最小包装规格。根据《农药标签和说明书管理办法》第十条，标签太小，无法标注规定全部内容的，应当至少标注农药名称、有效成分含量、剂型、农药登记证号、净含量、生产日期、质量保证期等内容，同时，附具说明书。说明书应当标注规定的全部内容。农药登记证持有人不能只在上级包装上打印。

五十六、二维码在标签上标注的具体位置有要求吗？添加二维码后，核准标签是否需要重新备案？

答：《农药标签和说明书管理办法》和原农业部 2579 号公告，并没有明确标签上二维码标注的具体位置要求。但是企业在制作二维码时，要保证二维码能扫描操作和识读、并在生产和流通的各个环节正常使用。

农药标签上的二维码属于自主标注的内容。添加二维码后，不需要重新核准农药登记核准标签。

五十七、二维码颜色和图案是否有要求？

答：原农业部公告第 2579 号没有对二维码的颜色和图案作出要求，但是二维码必须满足扫描识别的要求，二维码的图案以及扫描后的信息不得违背《农药标签和说明书管理办法》的规定。

五十八、通过追溯网址查询产品质量检验等信息。这里的质量检验信息包括哪些方面？

答：原农业部公告第 2579 号规定，通过农药追溯网址可查询该产品的生产批次、质量检验等信息。质量检验信息主要指质量状态，即产品质量是否合格等内容。

五十九、《农药标签和说明书管理办法》第二十四条中，可追溯电子信息包括农药名称、农药登记证持有人名称等信息，这里的"等"包括哪些内容？

答：《农药标签和说明书管理办法》规定可追溯电子信息码中应当至少包含农药名称、农药登记证持有人信息。农药登记证持有人可以在二维码中增加其他信息，如产品毒性、注意事项、技术要求，但不能违背《农药标签和说明书管理办法》。

六十、卫生用农药产品是否也需要标注可追溯电子信息码？

答：有关农药标签标注可追溯信息码的规定，《农药标签和说明书管理办法》、原农业部公告第 2579 号等并未将卫生农药排除在外。因此，卫生用农药也应该与其他农药一样，标注可追溯电子信息码。

六十一、农药标签二维码是否需要体现销售和物流的信息？

答：《农药标签和说明书管理办法》和原农业部公告第 2579 号，并没有要求二维码体现销售和物流的相关信息。企业可以自主标注。

六十二、家用卫生杀虫剂标签是否标识"限制使用"字样？

答：已列入《限制使用农药名录（2017 版）》的家用卫生杀虫剂，其标签上可以不标注"限制使用"字样及有关限制使用农药的特别限制和特殊要求等内容。

六十三、用手机扫描标签上的二维码，不能显示农药名称、农药登记证持有人名称信息，是否就可以认定该标签不合格？

答：不同品牌的手机对二维码的识别率有差异。当用一部手机扫描标签上的二维码，不能显示农药名称、农药登记证持有人名称信息时，应当更换不同品牌或型号的手机扫描，或要求农药生产企业或经营者使用其扫描枪或手机扫描识别。如果农药生产企业或经营者使用扫描枪和手机也不能识别标签上的二维码，可以认定该标签不合格。

六十四、农药登记申请者包括哪些？

答：根据《农药管理条例》第七条、《农药登记管理办法》第十三条规定，农药登记申请者包括农药生产企业、向中国出口农药的企业；新农药研制者也可申请农药登记。农药生产企业是指取得农药生产许可证的境内企业；向中国出口农药的企业是指将在境外生产的农药出口到中国境内的企业；新农药研制者是指在我国境内研制开发新农药并能独立承担民事责任的中国公民、法人或者其他组织。向中国出口农药的企业应当在国内设立办事机构，或委托能独立承担法律责任的机构作为办事机构。农药登记申请者都应当能够独立承担民事责任。

六十五、经营人员的培训证明由谁出具？对培训机构的资质有什么具体要求？

答：经营人员的培训证明由负责培训的专业教育培训机构出具。专业教育培训机构是指教育等部门认定的、专门从事教育或培训的机构。例如，大专院校、农业广播学校等。

六十六、经营人员培训教材、教学大纲由谁来编制？

答：经营人员培训的教材和教学大纲由承担具体培训任务的专业培训机构组织编写。其内容应与《农药管理条例》及《农药经营许可管理办法》中对经营人员的要求相符。专业教育培训机构在组织编写教材和教学大纲前，可以向所在地方农业部门咨询，必要时，也可以请其农药管理、病虫害防治等相关单位参与编制。

六十七、对于参加异地举办的农药经营人员培训班并取得相关证书的，是否可以作为认定经营人员资质的条件？

答：经营人员应当满足《农药经营许可办理办法》中规定的"具有农药、植保等相关专业学历，或经专业教育培训机构56学时以上的学习经历，熟悉农药管理规定，掌握农药和病虫害防治专业知识，能够指导安全合理使用农药"，与具体由哪家机构培训没有直接关系。

六十八、是否只要取得相应的学历或培训证书，就可以认定经营者拥有符合条件的经营人员？

答：《农药经营许可管理办法》中关于经营人员条件的规定有两项，一是经营人员应当具有农药、植保等相关专业学历，或专业教育培训机构56学时以上的学习经历。二是经营人员要"熟悉农药管理规定，掌握农药和病虫害防治专业知识，能够指导安全合理使用农药"，这是核心和落脚点。农药经营人员是否具备了相应的能力，地方农业主管部门还会结合现场考核等环节进一步审查。

六十九、符合条件的经营人员是否可以在其他单位兼职？如何解决经营者以经营人员挂靠的方式获得农药经营许可证问题？

答：《农药经营许可管理办法》中规定的农药经营人员，应当是经营者负责人或经营者聘用的正式工作人员。地方农业部门在开展农药经营许可审查时，可以要求经营者提供经营人员的劳动聘用合同、社保缴费清单等证明材料，审查其是否为其正式职工。

某经营人员已在一个经营单位中以经营人员任职后，不能再以其名义作为其他单位的经营人员申请农药经营许可证。

农业部门结合农药经营许可等工作，建立农药经营者信息数据库，可以对农药经营人员等信息进行统计分析。地方农业部门在作出经营许可决定前，查询申报的经营人员是否为已在册的经营人员。

七十、经营者同时经营化肥、种子的，在核查其营业场所和仓库面积时，是否包括其他产品所占的面积是按建筑面积还是使用面积核查？

答：《农药经营许可管理办法》中规定的经营场所和仓储场所面积指建筑面积。

地方农业部门主要根据其经营场所和仓储场所的面积进行核查，不再细分所经营不同类型产品所占的面积，但经营者应将不同类型的产品分类摆放。

七十一、专门从事农药对外贸易公司是否需办理经营许可证？

答：《农药管理条例》《农药经营许可管理办法》规定，从事农药对外贸易，属于农药经营行为，其经营者应当取得农药经营许可证。

七十二、省级农业部门制定限制使用农药定点经营规定的法律依据是什么？

答：省级农业部门制定限制使用农药定点经营规定的法律依据是《农药管理条例》。《农药管理条例》第二十四条第二款规定，经营限制使用农药的，还应当配备相应的用药指导和病虫害防治专业技术人员，并按照所在地省、自治区、直辖市人民政府农业主管部门的规定实行定点经营。

七十三、经营杀鼠剂的，是否都需要包含限制使用农药的经营许可证？

答：我国现已登记的杀鼠剂，有些品种列入《限制使用农药名录》中，有些品种，雷公藤甲素、硫酰氟、莪术醇、α-氯代醇、地诺芬酯、硫酸钡及胆钙化醇等，未列入《限制使用农药名录》。

经营列入《限制使用农药名录》中杀鼠剂的，要符合省级农业部门制定的限制使用农药定点经营布局，应当向省级农业主管部门申请农药经营许可证，其经营范围应当包含限制使用农药。

七十四、取得农药经营许可证的农药经营者设立分支机构，是否有数量限制？

答：农药经营者设立分支机构，没有数量限制，但农药经营者应当对其分支机构的经营活动负责，且所有的分支机构，都应当在经营许可证发证机关所在的辖区。如果有超出发证机关所在辖区分支机构的，应当向对具有对其所有分支机构都有管理权限的农业主管部门重新申办农药经营许可证。

第十一章　农药相关法律法规

附录一　中华人民共和国农业上禁用农药名单（42 种）

在全国范围内禁止在农业上使用六六六、滴滴涕、毒杀芬、二溴氯丙烷、杀虫脒、二溴乙烷、除草醚、艾氏剂、狄氏剂、汞制剂、砷、铅类、敌枯双、氟乙酰胺、甘氟、毒鼠强、氟乙酸钠、毒鼠硅、甲胺磷、对硫磷（1605）、甲基对硫磷、久效磷、磷胺、苯线磷、地虫硫磷、甲基硫环磷、磷化钙、磷化镁、磷化锌、硫线磷、蝇毒磷、治螟磷、特丁硫磷、氯磺隆、福美胂、福美甲胂、胺苯磺隆、甲磺隆、三氯杀螨醇、百草枯水剂、硫丹、溴甲烷等 42 种单剂及其复配剂。

附录二　中华人民共和国农业上限用农药名录（32种）

序号	有效成分名称	备注
1	甲拌磷	
2	甲基异柳磷	
3	克百威	
4	磷化铝	
5	硫丹	
6	氯化苦	
7	灭多威	
8	灭线磷	
9	水胺硫磷	
10	涕灭威	
11	溴甲烷	实行定点经营
12	氧乐果	
13	百草枯	
14	2，4-滴丁酯	
15	C型肉毒梭菌毒素	
16	D型肉毒梭菌毒素	
17	氟鼠灵	
18	敌鼠钠盐	
19	杀鼠灵	
20	杀鼠醚	
21	溴敌隆	
22	溴鼠灵	

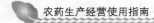

序号	有效成分名称	备注
23	丁硫克百威	
24	丁酰肼	
25	毒死蜱	
26	氟苯虫酰胺	
27	氟虫腈	
28	乐果	
29	氰戊菊酯	
30	三氯杀螨醇	
31	三唑磷	
32	乙酰甲胺磷	

附录三 部分限制使用农药的特别限制和特殊使用要求

甲拌磷、甲基异柳磷、克百威、涕灭威、灭线磷、水胺硫磷、灭多威、氧乐果：禁止在蔬菜、果树、茶树、中草药材上使用，禁止用于防治卫生害虫。

氰戊菊酯：禁止在茶树上使用。

丁酰肼（比久）：禁止在花生上使用。

氟虫腈：除卫生用、玉米等部分旱田种子包衣剂以外，禁止在他方面的使用。

毒死蜱、三唑磷：禁止在蔬菜上使用。

氟苯虫酰胺：自 2018 年 10 月 1 日起，禁止在水稻上使用。

克百威、甲拌磷、甲基异柳磷：自 2018 年 10 月 1 日起在甘蔗作物上使用。

溴甲烷、氯化苦：禁止溴甲烷在草莓和黄瓜上使用。自 2015 年 10 月 1 日起，将溴甲烷、氯化苦的登记使用范围和施用方法变更为土壤熏蒸，撤销除土壤熏蒸外的其他登记。溴甲烷、氯化苦应在专业技术人员指导下使用。自 2019 年 1 月 1 日起，将含溴甲烷产品的农药登记使用范同变更为"检疫熏蒸处理"，禁止在农业上使用。

乙酰甲胺磷、丁硫克百威、乐果：自 2019 年 8 月 1 日起，禁止在蔬菜、瓜果、茶叶、菌类和中草药材作物上使用。

百草枯水剂：2016 年 7 月 1 日停止水剂在国内销售和使用。

磷化铝：应当采用内外双层包装。自 2018 年 10 月 1 日起，禁止销售、使用其他包装的磷化铝产品。

2,4-D 丁酯（包括原药、母药、单剂、复配制剂）：自 2016 年 9 月 7 日起，不再受理、批准登记申请及续展登记申请。

附录四　广告法（涉及农药部分）

第二十一条　农药、兽药、饲料和饲料添加剂广告不得含有下列内容。

（1）表示功效、安全性的断言或者保证。

（2）利用科研单位、学术机构、技术推广机构、行业协会或者专业人士、用户的名义或者形象作推荐、证明。

（3）说明有效率。

（4）违反安全使用规程的文字、语言或者画面。

（5）法律、行政法规规定禁止的其他内容。

第四十六条　发布医疗、药品、医疗器械、农药、兽药和保健食品广告以及法律、行政法规规定应当进行审查的其他广告，应当在发布前由有关部门（以下称广告审查机关）对广告内容进行审查；未经审查，不得发布。

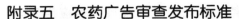

附录五　农药广告审查发布标准

（2015 年 12 月 24 日国家工商行政管理总局令第 81 号公布）

第一条　为了保证农药广告的真实、合法、科学，制定本标准。

第二条　发布农药广告，应当遵守《中华人民共和国广告法》（以下简称《广告法》）及国家有关农药管理的规定。

第三条　未经国家批准登记的农药不得发布广告。

第四条　农药广告内容应当与《农药登记证》和《农药登记公告》的内容相符，不得任意扩大范围。

第五条　农药广告不得含有下列内容。

（1）表示功效、安全性的断言或者保证。

（2）利用科研单位、学术机构、技术推广机构、行业协会或者专业人士、用户的名义或者形象作推荐、证明。

（3）说明有效率。

（4）违反安全使用规程的文字、语言或者画面。

（5）法律、行政法规规定禁止的其他内容。

第六条　农药广告不得贬低同类产品，不得与其他农药进行功效和安全性对比。

第七条　农药广告中不得含有评比、排序、推荐、指定、选用、获奖等综合性评价内容。

第八条　农药广告中不得使用直接或者暗示的方法，以及模棱两可、言过其实的用语，使人在产品的安全性、适用性或者政府批准等方面产生误解。

第九条　农药广告中不得滥用未经国家认可的研究成果或者不科学的词句、术语。

第十条　农药广告中不得含有"无效退款""保险公司保

险"等承诺。

第十一条 农药广告的批准文号应当列为广告内容同时发布。

第十二条 违反本标准的农药广告,广告经营者不得设计、制作,广告发布者不得发布。

第十三条 违反本标准发布广告,《广告法》及其他法律法规有规定的,依照有关法律法规规定予以处罚。法律法规没有规定的,对负有责任的广告主、广告经营者、广告发布者,处以违法所得3倍以下但不超过3万元的罚款;没有违法所得的,处以1万元以下的罚款。

第十四条 本标准自2016年2月1日起施行。1995年3月28日国家工商行政管理局第28号令公布的《农药广告审查标准》同时废止(工商总局)。

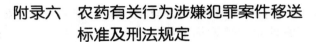

附录六　农药有关行为涉嫌犯罪案件移送标准及刑法规定

1. 生产、销售伪劣产品罪

违反《条例》的情形：生产（包括委托或受托加工、分装）、经营假农药、劣质农药或者按照假农药、劣质农药处理的农药。

移送标准：根据《最高人民检察院、公安部关于公安机关管辖的刑事案件立案追诉标准的规定（一）》第十六条规定，生产者、销售者在产品中掺杂、掺假，以假充真，以次充好或者以不合格产品冒充合格产品，涉嫌下列情形之一的，应予立案追诉。

（1）伪劣产品销售金额 5 万元以上的。

（2）伪劣产品尚未销售，货值金额 15 万元以上的。

（3）伪劣产品销售金额不满 5 万元，但将已销售金额乘以 3 倍后，与尚未销售的伪劣产品货值金额合计 15 万元以上的。

《刑法》第一百四十条：生产者、销售者在产品中掺杂、掺假，以假充真，以次充好或者以不合格产品冒充合格产品，销售金额 5 万元以上不满 20 万元的，处 2 年以下有期徒刑或者拘役，并处或者单处销售金额 50% 以上 2 倍以下罚金；销售金额 20 万元以上不满 50 万元的，处 2 年以上 7 年以下有期徒刑，并处销售金额 50% 以上 2 倍以下罚金；销售金额 50 万元以上不满 200 万元的，处 7 年以上有期徒刑，并处销售金额 50% 以上 2 倍以下罚金；销售金额 200 万元以上的，处 15 年有期徒刑或者无期徒刑，并处销售金额 50% 以上 2 倍以下罚金或者没收财产。

2. 生产、销售伪劣农药罪

违反《条例》的情形：生产（包括委托或受托加工、分装）、经营假农药、劣质农药或者按照假农药、劣质农药处理的农药。

移送标准：根据《最高人民检察院、公安部关于公安机关管辖的刑事案件立案追诉标准的规定（一）》第二十三条规定，生产假农药或者生产者、销售者以不合格的农药冒充合格的农药，涉嫌下列情形之一的，应予立案追诉。

（1）使生产遭受损失2万元以上的。

（2）其他使生产遭受较大损失的情形。

《刑法》第一百四十七条：生产假农药，销售明知是假的或者失去使用效能的农药，或者生产者、销售者以不合格的农药冒充合格的农药，使生产遭受较大损失的，处3年以下有期徒刑或者拘役，并处或者单处销售金额50%以上2倍以下罚金；使生产遭受重大损失的，处3年以上7年以下有期徒刑，并处销售金额50%以上2倍以下罚金；使生产遭受特别重大损失的，处7年以上有期徒刑或者无期徒刑，并处销售金额50%以上2倍以下罚金或者没收财产。

3. 生产、销售不符合安全标准的食品罪

违反《条例》的情形：农药使用者不按照农药的标签标注的使用范围、使用方法和剂量、使用技术要求和注意事项、安全间隔期使用农药。

移送标准：根据《最高人民法院、最高人民检察院关于办理危害食品安全刑事案件适用法律若干问题的解释》第一条、第八条、第二十一条规定，生产、销售不符合食品安全标准的食品，含有严重超出标准限量的农药残留的；在食用农产品种植、养殖、销售、运输、贮存等过程中，违反食品安全标准，超限量或者超范围滥用农药，足以造成严重食物中毒事故或者其他严重食源性疾病的，应予立案追诉。

《刑法》第一百四十三条：生产、销售不符合卫生标准的食品，足以造成严重食物中毒事故或者其他严重食源性疾患的，处

3 年以下有期徒刑或者拘役，并处或者单处销售金额 50% 以上 2 倍以下罚金；对人体健康造成严重危害的，处 3 年以上 7 年以下有期徒刑，并处销售金额 50% 以上 2 倍以下罚金；后果特别严重的，处 7 年以上有期徒刑或者无期徒刑，并处销售金额 50% 以上 2 倍以下罚金或者没收财产。

4. 生产、销售有毒、有害食品罪

违反《条例》的情形：使用禁用农药，超范围使用剧毒、高毒农药。

移送标准：根据《最高人民法院、最高人民检察院关于办理危害食品安全刑事案件适用法律若干问题的解释》第九条、第二十条规定，在食用农产品种植、养殖、销售、运输、贮存等过程中，使用禁用农药或者其他有毒、有害物质的，依照刑法第一百四十四条的规定以生产、销售有毒、有害食品罪定罪处罚。

下列物质应当认定为"有毒、有害的非食品原料"：法律、法规禁止在食品生产经营活动中添加、使用的物质；国务院有关部门公告禁止使用的农药。

《刑法》第一百四十四条：在生产、销售的食品中掺入有毒、有害的非食品原料的，或者销售明知掺有有毒、有害的非食品原料的食品的，处 5 年以下有期徒刑，并处罚金；对人体健康造成严重危害或者有其他严重情节的，处 5 年以上 10 年以下有期徒刑，并处罚金；致人死亡或者有其他特别严重情节的，依照本法第一百四十一条的规定处罚。

5. 非法经营罪

违反《条例》的情形：未经许可生产、经营农药；农药经营者在农药中添加物质；委托未取得农药生产许可证的受托人加工、分装农药；生产、经营国家禁用的农药。

移送标准：根据《最高人民检察院、公安部关于公安机关管辖的刑事案件立案追诉标准的规定（二）》第七十九条规定，违反国家规定，进行非法经营活动，扰乱市场秩序，具有下列情形之一的，应予立案追诉。

（1）个人非法经营数额在 5 万元以上，或者违法所得数额在 1 万元以上的。

（2）单位非法经营数额在 50 万元以上，或者违法所得数额在 10 万元以上的。

（3）虽未达到上述数额标准，但 2 年内因同种非法经营行为受过 2 次以上行政处罚，又进行同种非法经营行为的。

《刑法》第二百二十五条：违反国家规定，有非法经营行为，扰乱市场秩序，情节严重的，处 5 年以下有期徒刑或者拘役，并处或者单处违法所得 1 倍以上 5 倍以下罚金；情节特别严重的，处 5 年以上有期徒刑，并处违法所得 1 倍以上 5 倍以下罚金或者没收财产。

6. 伪造、变造、买卖国家机关公文、证件、印章罪

违反《条例》的情形：伪造、变造、转让、出租、出借农药登记证、农药生产许可证、农药经营许可证的。

《刑法》第二百八十条：伪造、变造、买卖或者盗窃、抢夺、毁灭国家机关的公文、证件、印章的，处 3 年以下有期徒刑、拘役、管制或者剥夺政治权利，并处罚金；情节严重的，处 3 年以上 10 年以下有期徒刑，并处罚金。

7. 提供虚假证明文件罪

违反《条例》的情形：农药登记试验单位出具虚假登记试验报告。

移送标准：根据《最高人民检察院、公安部关于公安机关管辖的刑事案件立案追诉标准的规定（二）》第八十一条规定，农药登记试验单位故意提供虚假证明文件，涉嫌下列情形之一的，应予立案追诉。

（1）给国家、公众或者其他投资者造成直接经济损失数额

在 50 万元以上的。

（2）违法所得数额在 10 万元以上的。

（3）虽未达到上述数额标准，但具有下列情形之一的。

①在提供虚假证明文件过程中索取或者非法接受他人财物的；

②2 年内因提供虚假证明文件，受过行政处罚 2 次以上，又提供虚假证明文件的。

《刑法》第二百二十九条第一、第二款：承担资产评估、验资、验证、会计、审计、法律服务等职责的中介组织的人员故意提供虚假证明文件，情节严重的，处 5 年以下有期徒刑或者拘役，并处罚金。索取他人财物或者非法收受他人财物，犯前款罪的，处 5 年以上 10 年以下有期徒刑，并处罚金。

8. 出具证明文件重大失实罪

违反《条例》的情形：农药登记试验单位出具虚假登记试验报告。

移送标准：根据《最高人民检察院、公安部关于公安机关管辖的刑事案件立案追诉标准的规定（二）》第八十二条规定，农药登记试验单位的人员严重不负责任，出具的证明文件有重大失实，涉嫌下列情形之一的，应予立案追诉。

（1）给国家、公众或者其他投资者造成直接经济损失数额在 100 万元以上的。

（2）其他造成严重后果的情形。

《刑法》第二百二十九条第三款：承担资产评估、验资、验证、会计、审计、法律服务等职责的中介组织的人员严重不负责任，出具的证明文件有重大失实，造成严重后果的，处 3 年以下有期徒刑或者拘役，并处或者单处罚金。

主要参考文献

陈晓明，王程龙，薄瑞 . 2016. 中国农药使用现状及对策建议 [J]. 农药科学与管理（2）

董记萍，付鑫羽，等 . 2018. 2019. 农药管理新政策问答 [J]. 农药科学与管理（1-12），（1-3）.

梁帝允，邵振润 . 2013. 农药安全科学使用培训指南 [M]. 中国农业科学技术出版社.

农业部农药检定所 . 2009. 农药监督抽查工作手册 [M]. 京华出版社.

农业部农药检定所 . 2012. 农药经营人员读本 [M]. 中国农业大学出版社.

农业农村部农药检定所 . 2018. 新编农药经营人员读本.

孙艳萍 . 2018. 农药有关行为涉嫌犯罪案件移送标准及刑法规定 [J]. 农药科学与管理（1）.

夏冰 . 2018. 农作物药害事故及预防 [J]. 现代农村科技.

张玉聚，等 . 2010. 中国农田杂草防治原色图解 [M]. 中国农业科学技术出版社.

甄文超，曹刚，王亚楠 . 2018. 2019 河北省冬小麦—夏玉米节水、高产、高效农事手册 [M]. 气象出版社.

周新建，齐琨，等 . 2013. 农药市场经营现状及存在问题与对策 [J]. 农药科学与管理（9）.

周新建，王维莲 . 2018. 农药安全科学实用技术 [M]. 金盾出版社.

周新建.2017.农药使用存在的问题及监管对策［J］.现代
　农村科技（2）.